河北省农业气象服务实用指标

马凤莲 等 编著

气象出版社
China Meteorological Press

内 容 简 介

　　本书针对现代农业生产和农业气象服务需求,归纳总结了河北省农业生产中常用的温度、水分指标,12种常见农业气象灾害指标,以及主要粮食作物、经济作物、食用菌、蔬菜、中药材、林果的气象服务指标。每种作物的气象服务指标均按照各自不同的发育期列出适宜的气象条件、不利的气象条件以及相应的管理措施。最后一章介绍了承德市气象局有关农业气象服务方面的工作规划和工作方案等,此部分内容对市(县)级气象局的为农服务工作有一定的参考和借鉴作用。本书内容紧扣现代农业生产需求,结构简明,方便读者查阅。

　　本书可供气象服务人员、农业气象业务和科研人员、农林技术人员以及从事农业生产的生产者和管理者参考使用。

图书在版编目(CIP)数据

　　河北省农业气象服务实用指标/马凤莲等编著.——
北京:气象出版社,2017.4
　　ISBN 978-7-5029-6531-0

　　Ⅰ.①河…　Ⅱ.①马…　Ⅲ.①农业气象-气象服务-
河北　Ⅳ.①S165

　　中国版本图书馆 CIP 数据核字(2017)第 057322 号

Hebei Sheng Nongye Qixiang Fuwu Shiyong Zhibiao
河北省农业气象服务实用指标

出版发行:气象出版社

地　　址:北京市海淀区中关村南大街 46 号　邮政编码:100081
电　　话:010-68407112(总编室)　010-68408042(发行部)
网　　址:http://www.qxcbs.com　　E-mail:qxcbs@cma.gov.cn
责任编辑:崔晓军　王萃萃　　　　　　终　审:邵俊年
责任校对:王丽梅　　　　　　　　　　责任技编:赵相宁
封面设计:易普锐创意
印　　刷:北京京科印刷有限公司
开　　本:710 mm×1000 mm　1/16　　印　张:12.25
字　　数:254 千字
版　　次:2017 年 4 月第 1 版　　　　印　次:2017 年 4 月第 1 次印刷
定　　价:45.00 元

编 委 会

前　言

　　河北是农业大省,冬小麦种植面积居全国第三位,玉米种植面积占全国玉米种植面积的10%左右,棉花种植面积居全国第四位;河北也是蔬菜大省,蔬菜种植面积居全国第三位。河北东临渤海,西倚太行山,北连内蒙古高原,平原、丘陵、高原、山地等的丰富的气候资源为河北省粮食作物、经济作用、林果、蔬菜、中药材等种植创造了有利条件。随着现代农业的发展和新农村建设的不断推进,农业种植结构随着市场需求的变化而千变万化,各种特色农业不断涌现。农业多元化发展决定了气象为农服务多样化、个性化发展的趋势。而精细化的农业气象服务指标是开展农业气象服务工作的科学依据和基础。

　　近年来,河北省气象部门在服务“三农”方面做了大量工作,建立了“农业气象服务体系”和“农村气象灾害防御体系”(简称“两个体系”),气象防灾减灾能力明显增强,农业气象服务水平稳步提高,依托“两个体系”建设,组织编写了《河北省冬小麦农业气象服务手册》《河北省玉米农业气象服务手册》《河北省棉花农业气象服务手册》《日光温室蔬菜生产及气象灾害防御服务手册》等气象服务“三农”的系列材料,但这些材料均为内部材料,并且,随着现代农业的发展,各地各具特色的粮、林、菜、药种植也不断涌现,给气象服务提出了更多的需求和更高的要求。河北气象部门立足本地农业结构布局,不断创新气象为农服务体制机制,加强河北省农业气象分中心建设,开展了“一县一品”或“一县多品”的特色农业气象服务工作,农业气象业务人员深入生产一线,认真了解基层农业生产管理人员、技术人员以及种植大户对气象服务的需求,不断收集整理农业生产中的实用技术指标,同时通过文献检索,查阅了大量近年来的科研成果,经过总结分析、归纳梳理,进一步补充完善河北省农业气象服务指标体系,于近期完成《河北省农业气象服务实用指标》一书,以期对农业生产和农业气象服务有所帮助。

　　本书共分9章,内容包含河北省各地的农业界限温度指标和积温指标、12种农业气象灾害指标,主要粮食作物、经济作物、林果、蔬菜、食用菌、中药材等各生育期的农业气象服务指标,以及基层农业气象服务方案等。全书由马凤莲策划、整理、编写,魏瑞江把关和审阅,编委会成员做了大量统计和编辑工作。本书在编写和出版过程中还得到曹丽华、朱国良、吴晓军、苗成凯、朱朝阳、吴彦丽、袁江洪、崔合义、杨文雨、祖金生等的大力支持和帮助,在此表示真诚的谢意!

　　本书虽然归纳总结了河北省大部分粮食作物、经济作物、林果、蔬菜、食用菌、中药材的气象服务指标,但因为河北省地域广阔,还有部分种植面积相对较小的作物尚未编入,待在以后的工作中不断予以补充。另外,因各地气候类型复杂多样,气候条件差异较大,各地地形、土壤条件不尽相同,作物品种改良和农业生产技术在不断进步,本书提供的技术指标可能与实际有所偏差,希望读者在使用本书时,密切联系实际,对相关服务指标本地化应用。

限于作者学术水平,本书可能还存在不足和遗漏之处,恳请读者批评指正。

作者

2017 年 1 月

目　　录

前言
第1章　农业生产中的基本指标 ………………………………………………… 1
　1.1　三基点温度 …………………………………………………………………… 1
　1.2　农业界限温度 ………………………………………………………………… 1
　1.3　无霜期 ………………………………………………………………………… 3
　1.4　基本积温指标 ………………………………………………………………… 3
　1.5　作物需水临界期 ……………………………………………………………… 7
第2章　农业气象灾害指标 ……………………………………………………… 9
　2.1　干旱 …………………………………………………………………………… 9
　2.2　洪涝 …………………………………………………………………………… 12
　2.3　干热风 ………………………………………………………………………… 13
　2.4　冰雹 …………………………………………………………………………… 15
　2.5　霜冻 …………………………………………………………………………… 16
　2.6　冷害 …………………………………………………………………………… 19
　2.7　冻害 …………………………………………………………………………… 21
　2.8　高温热害 ……………………………………………………………………… 24
　2.9　连阴雨 ………………………………………………………………………… 25
　2.10　大风 ………………………………………………………………………… 25
　2.11　低温寡照 …………………………………………………………………… 26
　2.12　雪灾 ………………………………………………………………………… 26
第3章　粮食作物气象服务指标 ………………………………………………… 29
　3.1　冬小麦 ………………………………………………………………………… 29
　3.2　水稻 …………………………………………………………………………… 36
　3.3　春玉米 ………………………………………………………………………… 41
　3.4　夏玉米 ………………………………………………………………………… 49
　3.5　马铃薯 ………………………………………………………………………… 53
　3.6　春播大豆 ……………………………………………………………………… 59
　3.7　夏播大豆 ……………………………………………………………………… 62
　3.8　谷子 …………………………………………………………………………… 65

3.9 高粱 …………………………………………………… 67

第4章 经济作物气象服务指标 ……………………………… 70

4.1 棉花 …………………………………………………… 70

4.2 花生 …………………………………………………… 76

4.3 甘薯 …………………………………………………… 79

4.4 亚麻 …………………………………………………… 82

第5章 食用菌气象服务指标 ………………………………… 84

5.1 香菇 …………………………………………………… 84

5.2 平菇 …………………………………………………… 86

5.3 滑子菇 ………………………………………………… 88

5.4 杏鲍菇 ………………………………………………… 89

5.5 双孢菇 ………………………………………………… 90

5.6 其他菌类 ……………………………………………… 91

第6章 蔬菜气象服务指标 …………………………………… 93

6.1 日光温室黄瓜 ………………………………………… 93

6.2 日光温室西葫芦 ……………………………………… 95

6.3 日光温室番茄 ………………………………………… 97

6.4 日光温室辣椒(青椒) ………………………………… 99

6.5 日光温室茄子 ………………………………………… 101

6.6 日光温室芹菜 ………………………………………… 102

6.7 露地甘蓝(春季) ……………………………………… 104

6.8 露地大白菜(秋季) …………………………………… 105

第7章 中药材气象服务指标 ………………………………… 110

7.1 川芎 …………………………………………………… 110

7.2 当归 …………………………………………………… 110

7.3 桔梗 …………………………………………………… 111

7.4 黄芩 …………………………………………………… 112

7.5 金银花 ………………………………………………… 113

7.6 柴胡 …………………………………………………… 114

7.7 板蓝根 ………………………………………………… 115

7.8 金莲花 ………………………………………………… 116

7.9 丹参 …………………………………………………… 117

7.10 杜仲 ………………………………………………… 118

7.11 防风 ………………………………………………… 120

7.12　党参 ··· 121

第8章　林果气象服务指标 ·· 123

8.1　苹果 ·· 123

8.2　梨 ·· 128

8.3　板栗 ·· 131

8.4　山楂 ·· 135

8.5　葡萄 ·· 137

8.6　枣 ·· 142

8.7　核桃 ·· 145

8.8　桃 ·· 149

第9章　基层农业气象服务方案 ··· 152

9.1　承德市气象局2016—2017年农业气象服务工作规划 ················· 152

9.2　承德市气象局2016年智慧农业气象服务试点实施方案 ··············· 155

9.3　河北省马铃薯气象中心建设方案 ································· 159

9.4　承德市气象局2014年"一县一品"特色农业气象服务实施方案 ······· 163

9.5　承德市气象局2016年农业气象服务方案 ····························· 164

9.6　承德市气象局农业气象灾害实地调查方案 ·························· 167

9.7　承德市气象局2016年农业气象服务工作历 ························· 173

9.8　承德市气象局2016年农业气象服务产品一览表 ····················· 174

参考文献 ··· 176

附录1　1981—2010年河北省各地平均初、终霜日期及无霜期 ·············· 178

附录2　1981—2010年河北省各地各界限温度的活动积温 ················· 180

附录3　1981—2010年河北省各地各界限温度的有效积温 ················· 183

第1章 农业生产中的基本指标

1.1 三基点温度

农作物生命活动的每一个过程都必须在一定的温度条件下才能进行。对任何一种作物来说,都有3种基本的温度,即生命温度、生长温度和发育温度。当温度处于发育温度之外(过高或过低)时,则发育过程会停止,但生长仍可维持;而当温度高于生长温度的最高值或低于最低值时,则生长活动停止,但尚可维持生命;当温度达到或超过了生命温度的上限或低于下限时,植物就会死亡,故这时的温度通常又称为致死温度。

无论是生命温度、生长温度还是发育温度又有最适温度、最低温度和最高温度之分,通常称为三基点温度。在最适温度范围内,作物生长发育迅速而良好;而当温度低于最低温度或高于最高温度时,作物的生长发育严重受阻甚至停止,但仍维持生命。如果持续低于最低温度或高于最高温度,作物就会受到危害,直至死亡。三基点温度是一个温度范围,它随作物种类、发育阶段、生理状况以及环境条件的改变而变化。不同作物的三基点温度是不同的(表1.1)。

表 1.1　几种主要作物的三基点温度(℃)

作物种类	最低温度	最适温度	最高温度
小麦	3～5	20～22	30～32
玉米	8～10	30～32	40～44
水稻	10～12	30～32	36～38
棉花	13～14	28	35
油菜	4～5	20～25	30～32

资料来源:甄文超等,2006。

当作物处于不同的生理过程时,三基点温度也是不相同的。如光合作用和呼吸作用的三基点温度是不同的。光合作用的最低温度为 0～5 ℃,最适温度为 20～25 ℃,最高温度为 40～50 ℃;而呼吸作用分别为－10,36～40 及 50 ℃。

1.2 农业界限温度

具有普遍意义的,标志某些重要物候现象或农事活动的开始、终止或转折,对农业生产具有指示或临界意义的温度称为农业界限温度,简称界限温度(北京农业大学农业气象专业,1982)。

农业上常用的界限温度(用日平均气温表示)有 0,5,10,15,20 ℃。各界限温度的初、终日,持续天数及其积温是常用的具有普遍农业意义的热量指标系统,是农业气候资源调查和区划的热量指标,也是确定农业种植制度和品种布局的基本依据,对农业生产起指导作用,例如表 1.2 为河北省承德市各地稳定通过各界限温度的初日。

0 ℃界限温度:春季日平均气温稳定通过 0 ℃,表示寒冬已过去,土壤开始解冻,积雪开始融化,草木开始萌动,各种田间耕作开始作业。秋季日平均气温低于 0 ℃,表示土壤开始冻结,农作物停止生长或开始枯黄,各种田间耕作停止。因此,日平均气温大于 0 ℃的持续期一般称为农耕期。

5 ℃界限温度:春季日平均气温稳定通过 5 ℃时,早春作物开始播种,多数作物和果树开始恢复生长。秋季日平均气温下降到 5 ℃以下时,作物生长缓慢。因此日平均气温在 5 ℃以上的持续时间称为植物的生长期。

10 ℃界限温度:春季日平均气温稳定通过 10 ℃是各种喜温作物开始播种和生长的临界温度,秋季日平均气温下降到 10 ℃以下时,喜温作物生长速度变缓。因此,日平均气温大于 10 ℃的持续期称为喜温作物的生长期或作物活跃生长期,大于 10 ℃积温可用于评价热量资源对喜温作物的满足程度。

15 ℃界限温度:日平均气温稳定通过 15 ℃的初日是喜温作物开始积极生长的日期,大部分农作物进入旺盛生长期。秋季日平均气温低于 15 ℃时,对贪青作物的灌浆和成熟都不利。故日平均气温大于 15 ℃的持续期称为喜温作物的活跃生长期。

20 ℃界限温度:日平均气温达 20 ℃以上时,对水稻、玉米、高粱和大豆的开花、授粉及成熟才有利,20 ℃的始期是水稻分蘖迅速增长的开始日期,而 20 ℃终日与水稻的安全齐穗期有关。因此,20 ℃界限温度是喜温作物进行光合作用的适宜温度的下限。

生长期:一年中作物显著可见的生长时期,称为生长期。分为气候生长期和作物生长期。气候生长期是指某一地区一年内农作物可能生长的时期。一般春季 0 ℃开始日期到秋季 0 ℃终止日期之间日数为喜凉作物气候生长期,春季 10 ℃开始日期到秋季 10 ℃终止日期之间日数为喜温作物气候生长期;作物生长期对于一年生作物而言,是指该作物从播种到成熟的一段时期,对多年生作物而言,是指该作物从春季萌发到进入秋眠期为止的一段时期(韩湘玲,1999)。

表 1.2　1981—2010 年河北省承德市各地稳定通过各界限温度的平均初日

地名	0 ℃	5 ℃	10 ℃	15 ℃	20 ℃
承德市	3 月 12 日	3 月 28 日	4 月 17 日	5 月 10 日	6 月 10 日
丰宁县①	3 月 17 日	4 月 3 日	4 月 23 日	5 月 16 日	6 月 23 日
围场县②	3 月 25 日	4 月 10 日	4 月 30 日	5 月 24 日	6 月 30 日
隆化县	3 月 16 日	4 月 1 日	4 月 20 日	5 月 14 日	6 月 21 日
承德县	3 月 6 日	3 月 24 日	4 月 9 日	5 月 4 日	6 月 3 日

① 丰宁县为丰宁满族自治县的简称,下同。
② 围场县为围场满族蒙古族自治县的简称,下同。

地名	0 ℃	5 ℃	10 ℃	15 ℃	20 ℃
平泉县	3 月 16 日	4 月 2 日	4 月 20 日	5 月 14 日	6 月 20 日
滦平县	3 月 16 日	3 月 31 日	4 月 18 日	5 月 12 日	6 月 20 日
兴隆县	3 月 16 日	3 月 31 日	4 月 21 日	5 月 14 日	6 月 21 日
宽城县①	3 月 9 日	3 月 27 日	4 月 12 日	5 月 5 日	6 月 9 日

1.3　无霜期

一年内终霜(包括白霜和黑霜)日至初霜日之间的持续日数称为无霜期。通常用地面最低温度大于 0 ℃终、初日期间的天数来表示。由于百叶箱气温一般比地面温度高出 2 ℃左右,因此也有用日最低气温大于 2 ℃的持续期近似作为无霜期。

无霜期与生长期并不是一回事。一般而言,无霜期长于喜温作物的生长期,但短于喜凉作物的生长期。一年中无霜期越长,对作物生长越有利。表 1.3 为河北省各地级市近 30 年的初、终霜日期及无霜期的气候平均值(各地初、终霜日期及无霜期见附录 1)。

表 1.3　1981—2010 年河北省各地级市平均初、终霜日期及无霜期

地名	终霜日	初霜日	无霜期(d)
石家庄市	3 月 15 日	11 月 10 日	239
张家口市	4 月 12 日	10 月 23 日	193
承德市	4 月 14 日	10 月 11 日	179
保定市	3 月 17 日	11 月 10 日	237
唐山市	3 月 29 日	10 月 30 日	214
秦皇岛市	3 月 29 日	10 月 30 日	214
衡水市	3 月 22 日	11 月 7 日	229
沧州市	3 月 23 日	11 月 5 日	226
廊坊市	3 月 26 日	10 月 31 日	218
邢台市	3 月 14 日	11 月 13 日	243
邯郸市	3 月 15 日	11 月 13 日	242

1.4　基本积温指标

1.4.1　积温的概念及其计算

温度对作物生长发育而言有重要意义:(1)在其他条件基本满足的前提下,温度

---

① 宽城县为宽城满族自治县的简称,下同。

对作物生长发育起主导作用;(2)作物开始生长、发育要求一定的下限温度;(3)完成生长、发育要求一定的积温。

积温是某一时段内逐日平均温度的总和。研究温度对作物生长、发育的影响,既要考虑温度的强度,又要注意到温度的作用时间。在一定的温度范围内,当其他环境条件基本满足时,作物的发育速率主要受温度的影响。积温是衡量作物生长发育过程热量条件的一种标尺,也是表征地区热量条件的一种标尺。积温常作为气候区划和农业气候区划的热量指标,以衡量该地区的热量条件是否能够满足某种作物生长发育的需要。

作物完成其生命周期,要求一定的积温,即作物从播种到成熟,要求一定量的日平均气温的累积。积温分为活动积温、有效积温、负积温、地积温、日积温等。一般以℃·d 为单位。

活动积温:生物在某段时期内活动温度的总和称为活动积温。活动温度是指高于或等于生物学下限温度(植物有效生长的下限温度)的日平均温度。活动积温一般简称为积温,如日平均气温大于或等于 0 ℃的活动积温和日平均气温大于或等于 10 ℃的活动积温等。某种作物完成某一生长发育阶段或完成全部生长发育过程,所需的积温为一相对固定值。活动积温计算方法见公式(1.1)。

$$A_a = \sum_{i=1}^{n} T_i \quad (T_i > B;当\ T_i < B\ 时,T_i\ 以\ 0\ 计) \tag{1.1}$$

式中:A_a 为活动积温(℃·d);n 为该时段内的日数(d);T_i 为第 i 天的日平均气温(℃);B 为该作物发育的生物学零度(℃)。为了方便比较,本书除特殊说明外,所用积温都是指活动积温。

有效积温:生物在某一生育期或全生育期中有效温度的总和称为有效积温。有效温度是指活动温度与生物学下限温度的差值。活动温度等于生态学下限温度时,其有效温度为零。有效积温的计算方法如公式(1.2)。

$$A_e = \sum_{i=1}^{n} (T_i - B) \quad (T_i > B;当\ T_i < B\ 时,T_i - B\ 以\ 0\ 计) \tag{1.2}$$

式中:A_e 为有效积温(℃·d);n 为该时段内的日数(d);T_i 为第 i 天的日平均气温(℃);B 为该作物发育的生物学零度(℃)。

负积温:负积温是指小于 0 ℃的日平均气温的总和。负积温表示严寒程度,一般用来研究作物越冬的抗寒能力和作物(如冬小麦)经受寒冷锻炼的程度。

日积温:逐日白天温度的累加称为日积温,用以研究某些对白天温度反应敏感的作物的热量条件。

地积温:某一深度的土壤温度的日平均值的累加称为该土层的地积温。

1.4.2　积温的应用

上述积温中,以活动积温和有效积温应用较多。两种积温相比较,活动积温统计比较方便,常用来估算地区的热量资源;有效积温稳定性强,比较确切,常用来表示植物生长发育速度对温度的要求等。

在对作物所需积温进行计算时,需注意以下两点:一是计算时段不宜按旬、月、季、年来划分,一般按作物生长发育时期划分;二是作物发育的起始温度(又称生物学零度)不一定和 0 ℃相一致,因作物种类、品种而异,而且同一作物,不同发育期也不相同。计算各种作物不同发育期的积温时,应当从日平均温度高于生物学零度时累积,只有当日平均温度高于生物学零度时,温度因子才对作物的发育期起作用(中国气象局,2005)。

积温在农业中应用较为广泛,其应用范围主要有以下几个方面。

(1)在农业气候分析与区划中,积温可作为热量资源的主要依据。根据积温的多少,确定某作物在某地种植能否正常成熟,预计能否优质、高产。还可根据积温分析为确定各地种植制度提供依据,用积温作为指标之一,划出区界,做出区划。

(2)积温可以作为作物或品种特性的重要指标之一,为引种和推广品种提供科学依据,以避免引种与推广的盲目性。

(3)积温可作为物候期、收获期、病虫害发生期等农业气象情报的重要依据。预报作物发育期公式见(1.3):

$$D = D_1 + \frac{A_t}{t - B} \qquad (1.3)$$

式中: D 为所要预报的发育期日期; D_1 为前一发育期出现的日期; A_t 为由 D_1 到 D 期间作物所要求的有效积温指标; t 为由 D_1 到 D 期间的平均气温; B 为该发育期所要求的下限温度。

(4)负积温可用来表示作物越冬的温度条件,也可作为低温灾害的指标之一,说明某地低温强度和持续时间的综合影响。

表 1.4、表 1.5 分别为河北省各地级市各界限温度的活动积温和有效积温的近 30 年气候平均值(各地的活动积温和有效积温分别见附录 2 和附录 3)。表 1.6 为主要农作物日平均气温大于或等于 0 ℃的活动积温指标(北京农业大学农业气象专业,1982)。

表 1.4　1981—2010 年河北省各地级市各界限温度的活动积温 单位:℃·d

地名	≥0 ℃	≥5 ℃	≥10 ℃	≥15 ℃	≥20 ℃
承德市	4016.7	3933.3	3675.8	3212.7	2276.6
保定市	5051.8	4939.6	4662.7	4185.2	3353.2
沧州市	5056.7	4940.9	4674.1	4189.3	3390.6
邯郸市	5338.6	5207.4	4912.1	4386.7	3541.4
衡水市	5054.7	4940.9	4671.6	4180.4	3349.5
廊坊市	4785.2	4680.7	4425.1	3934.0	3089.8
秦皇岛市	4382.9	4273.9	4003.7	3462.0	2570.0
石家庄市	5217.8	5096.5	4804.8	4312.6	3478.9
唐山市	4652.4	4552.7	4294.4	3815.3	2966.0
邢台市	5352.0	5220.4	4934.9	4429.1	3590.5
张家口市	4031.6	3944.9	3674.0	3206.5	2274.7

表 1.5 1981—2010 年河北省各地级市各界限温度的有效积温　　　　　单位：℃·d

地名	≥0 ℃	≥5 ℃	≥10 ℃	≥15 ℃	≥20 ℃
承德市	4016.7	2823.3	1801.1	957.2	332.6
保定市	5051.8	3658.1	2471.7	1469.7	683.8
沧州市	5056.7	3664.4	2481.7	1479.3	691.3
邯郸市	5338.6	3855.5	2608.7	1561.2	740.8
衡水市	5054.7	3658.9	2470.9	1465.9	680.2
廊坊市	4785.2	3449.8	2305.1	1340.5	590.4
秦皇岛市	4382.9	3078.5	1980.7	1075.0	400.7
石家庄市	5217.8	3778.2	2557.5	1529.6	722.3
唐山市	4652.4	3336.6	2211.4	1265.3	533.3
邢台市	5352.0	3877.1	2634.2	1586.1	761.1
张家口市	4031.6	2823.6	1795.7	955.5	331.4

表 1.6 主要农作物日平均气温大于或等于 0 ℃的活动积温指标　　　　　单位：℃·d

作物	早熟品种	中熟品种	晚熟品种
冬小麦	1700～2000	2000～2200	2200～2400
玉米	2000～2100	2500～2800	≈3000
谷子	1700～2000	2100～2500	≈2500
高粱	2100～2400	2500～2800	≈3000
大豆	2000～2200	2200～2500	2500～2800
棉花	≈4000	4000～4500	≈4500
油菜	2000～2200	2200～2400	2400～2600
水稻	2300～2400	2400～2500	2500～2800

1.4.3　积温的稳定性

积温理论被广泛地应用于生产实践,一方面说明了积温在农业气象领域中的普适性;另一方面积温作为热量指标,计算简便且极易取得气温资料。但在应用过程中,积温学说尚有不完善之处,所以,还必须注意积温的稳定性,如同一品种作物完成同一生育阶段所需积温,在不同地区、不同年份、甚至不同播种期,其积温值不同,说明积温的稳定性不够理想。造成积温不稳定的原因是多方面的,主要原因如下(甄文超 等,2006;段若溪 等,2013)。

(1)影响作物生育的外界条件,不仅有气象因子,还有其他因子。气象因子中除温度外,光照时间、光周期、太阳辐射强度、光照度等对生育速度也有一定的影响,它们与生育速度的关系,有各自遵循的特定规律,这些影响未加考虑。

(2)积温学说是建立在假定其他因子基本满足的条件下,温度起主导作用这一理论基础上,在自然条件下,这一假定是难以满足的,因而影响积温的稳定性。

(3)在求算作物全生育期的有效积温时,只采用一个生物学下限温度进行计算。实际上,作物在不同生长发育阶段的生物学下限温度应进行分段计算。另外,在计算有效积温时,没有考虑到高温条件下的温度无效性。

(4)积温的计算是以日平均温度作为基础,没有考虑每天的最高温度、最低温度以及日较差对作物生长发育的影响,而它们的影响是很重要的,也是多方面的。

(5)有的作物本身对光照有特殊反应,如感光性强的作物,发育速度主要与日照时间长短关系较大,而在发育的关键期对温度的反应就相对不敏感。根据具体情况,积温在应用时,有时要进行一些订正,如晚熟水稻品种对光周期敏感,计算积温时需以光温系数加以订正。

1.5　作物需水临界期

作物生长发育过程中,各个时期都需要有充足的水分供应,在其生长发育的不同时期内,对水分的敏感程度不同。任何作物都有一个对水分条件最敏感的时期,在最敏感时期内,水分过多或过少,对作物产量影响最大。甚至水分条件稍有变动,就使作物产量发生很大的波动,这个最敏感时期称为作物需水临界期。表 1.7 是几种主要作物的需水临界期(段若溪 等,2013)。

表 1.7　几种主要作物的需水临界期

作　物	临界期	作　物	临界期
冬小麦、春小麦	孕穗到抽穗	大豆、花生	开花
水稻	孕穗到开花(花粉母细胞形成)	向日葵	花盘形成到开花
玉米	"大喇叭口"期到乳熟	马铃薯	开花到块茎形成
高粱、谷子	孕穗到灌浆	西红柿	结实到果实成熟
棉花	开花到成铃	瓜类	开花到成熟
甜菜	抽薹到开花始期		

资料来源:段若溪等,2013。

需水临界期不一定是作物需水最多的时期。需水临界期出现的时期是由作物的生物学特性所决定的。作物需水临界期多半是由营养生长向生殖生长转变的时期。一般作物的需水临界期与花芽分化的旺盛时期相联系,如果这个时期水分缺乏,作物体内水分不足,各器官的含水量将进行重新分配。此时叶片蒸腾失水严重,根部吸水又满足不了蒸腾的需要,叶片内产生较大的夺水能力,就向邻近的含水量较多的幼嫩器官(幼穗或花芽)吸收水分,花穗会因为失水而发育停滞,再加上作物体内水分不足,营养物质的吸收、制造和运转失调,也抑制幼穗和花芽的发育,结果减产严重。另外,不同作物与品种,其需水临界期不相等,需水临界期越短的作物和品种,适应不良水分条件的能力越强,而需水临界期越长,则适应能力越差。

　　在作物需水临界期内,如果当地降水条件配合不好(历年这个时期内不是降水过多就是降水过少),这一时期便是当地水分条件影响产量的关键时期,也称为作物对水分的农业气候关键期或简称为关键期。需水临界期只考虑作物本身对水分的敏感程度,而关键期则是综合考虑了作物本身的需水特性和当地的农业气候条件两方面的因素。因此,一个地区某种作物的需水临界期与关键期可能一致,也可能不一致。

第 2 章　农业气象灾害指标

农业气象灾害是农业生产过程中发生的导致农业显著减产的不利天气或气候条件的总称。河北省常见的针对大田作物的农业气象灾害主要有干旱、洪涝、大风、干热风、冰雹、霜冻、冷害、冻害、连阴雨等,针对设施农业的农业气象灾害主要有低温、寡照、风灾、雪灾以及低温寡照等。

2.1　干旱

农业干旱是指因外界环境因素造成作物体内水分亏缺,影响作物正常生长发育,进而导致作物减产或失收的现象。农业干旱与其他干旱的区别在于受干旱影响的是农业生产对象。美国气象学会将干旱定义为 4 种类型:气象干旱或气候干旱、农业干旱、水文干旱及社会经济干旱。其中农业干旱指地表层(植物根系区)在作物生长关键期发生干旱,即使深层土壤水分饱和,也可导致严重的作物减产。

农业干旱具有季节性、区域性、时间与空间的连续性等特征,其发生与否不仅与天气、气候条件相关,而且与土壤、作物、水资源利用等多种因素直接关联。

农业干旱指标是对农业干旱进行评价的标准,依据这个标准可对干旱发生的强度做出量化评价。

农业干旱指标,一般可分成三大类。第一类主要是一些单要素指标,这些指标基于环境要素和作物形态,如降水量、土壤含水量、作物形态等。第二类是一些基于作物生理的综合类指标(作物生理指标),如冠层温度、叶水势、气孔开度等。作物指标多数需要大量的研究基础和取样测定,除冠层温度法外,其余大部分主要停留在研究阶段,主要作为模型的参数。第三类是综合考虑植物、土壤、大气因素,把降水、作物通过土壤水分循环结合起来的综合干旱指标。

2016 年 5 月 1 日实施的国家标准《农业干旱等级》中采用作物水分亏缺距平指数、土壤相对湿度指数、农田与作物干旱形态指标来进行农业干旱的界定。将农业干旱等级分为 4 级,即 1 级、2 级、3 级、4 级,对应的干旱等级类型为轻旱、中旱、重旱、特旱。表 2.1～表 2.3 的内容均引自《农业干旱等级》(GB/T 32136—2015)。

2.1.1　作物水分亏缺距平指数

作物水分亏缺指数是表征作物水分亏缺程度的指标之一,但由于在不同季节、不同气候区域,作物种类不同,蒸散差别较大,作物水分亏缺指标难以统一的标准表达各区域水分亏缺程度,而作物水分亏缺距平指数可以消除区域与季节差异。该指数适用于气象要素观测齐备的各农区。表2.1为基于作物水分亏缺距平指数的农业干旱等级。

表2.1 基于作物水分亏缺距平指数（CWDIa）的农业干旱等级

等级	类型	作物水分亏缺距平指数（%）	
		作物需水临界期	其余发育期
1	轻旱	$35 < CWDIa \leqslant 50$	$40 < CWDIa \leqslant 55$
2	中旱	$50 < CWDIa \leqslant 65$	$55 < CWDIa \leqslant 70$
3	重旱	$65 < CWDIa \leqslant 80$	$70 < CWDIa \leqslant 85$
4	特旱	$CWDIa > 80$	$CWDIa > 85$

资料来源：GB/T 32136—2015《农业干旱等级》。

某时段作物水分亏缺距平指数（$CWDIa$）计算公式（2.1）：

$$CWDIa = \begin{cases} \dfrac{CWDI - \overline{CWDI}}{100 - \overline{CWDI}} \times 100\% & \overline{CWDI} > 0 \\ CWDI & \overline{CWDI} \leqslant 0 \end{cases} \tag{2.1}$$

式中，$CWDIa$ 为某时段作物水分亏缺距平指数；$CWDI$ 为某时段作物水分亏缺指数，计算见式（2.2）；$\overline{CWDI}$ 为所计算时段同期作物水分亏缺指数平均值（取30年），其计算见式（2.3）。

$$CWDI = a \times CWDI_j + b \times CWDI_{j-1} + c \times CWDI_{j-2} +$$
$$d \times CWDI_{j-3} + e \times CWDI_{j-4} \tag{2.2}$$

式中，$CWDI$ 为某时段作物水分亏缺指数（%）；$CWDI_j$ 为第 j 时间单位（本标准取10天）的水分亏缺指数（%），按式（2.4）计算；$CWDI_{j-1}$ 为第 $j-1$ 时间单位的水分亏缺指数（%）；$CWDI_{j-2}$ 为第 $j-2$ 时间单位的水分亏缺指数（%）；$CWDI_{j-3}$ 为第 $j-3$ 时间单位的水分亏缺指数（%）；$CWDI_{j-4}$ 为第 $j-4$ 时间单位的水分亏缺指数（%）；a，b，c，d，e 为各时间单位水分亏缺指数的权重系数，a 取值为0.3；b 取值为0.25；c 取值为0.2；d 取值为0.15；e 取值为0.1。各地可根据当地情况，通过历史资料分析或田间试验确定系数。

$$\overline{CWDI} = \frac{1}{n} \sum_{i=1}^{n} CWDI_i \tag{2.3}$$

式中，n 取值30，代表最近3个年代；i 为各年的序号，$i = 1, 2, \cdots, n$。

$$CWDI_i = \left(1 - \frac{P_j + I_j}{ETc_j}\right) \times 100\% \tag{2.4}$$

式中，P_j 为某10天的累计降水量（mm）；I_j 为某10天的灌溉量（mm）；ETc_j 为作物某10天的潜在蒸散量（mm），可由式（2.5）计算。

$$ETc_j = K_c ET_0 \tag{2.5}$$

式中，ET_0为某 10 天的参考作物蒸散量（计算方法见 GB/T 20481）；Kc 为某 10 天某种作物所处发育阶段的作物系数或多种作物的平均作物系数，有条件的地区可以根据实验数据来确定本地的作物系数（计算方法见 GB/T 32136—2015 附录 B），无条件地区可以直接采用 FAO 的数值或国内邻近地区通过试验确定的数值（见 GB/T 32136—2015 附录 C）。

2.1.2　土壤相对湿度指数

土壤相对湿度指数是目前研究最成熟的作物干旱指标，也是应用最广泛的农业干旱指标之一，能直接反映作物可利用水分的状况。基于土壤相对湿度指数的农业干旱等级见表 2.2。

表 2.2　基于土壤相对湿度指数（Rsm）的干旱等级

等级	类型	土壤相对湿度 Rsm（%）		
		沙土	壤土	黏土
1	轻旱	$45 \leqslant Rsm < 55$	$50 \leqslant Rsm < 60$	$55 \leqslant Rsm < 65$
2	中旱	$35 \leqslant Rsm < 45$	$40 \leqslant Rsm < 50$	$45 \leqslant Rsm \leqslant 55$
3	重旱	$25 \leqslant Rsm < 35$	$30 \leqslant Rsm < 40$	$35 < Rsm \leqslant 45$
4	特旱	$Rsm < 25$	$Rsm < 30$	$Rsm < 35$

注：土壤质地分类参见 GB/T 32136—2015 附录 A。

GB/T 32136—2015《农业干旱等级》标准中的土壤相对湿度在播种期和苗期土层厚度取 0~20cm，其他生长发育阶段取 0~50cm。土壤相对湿度指数计算公式：

$$Rsm = a \times \left(\sum_{i=1}^{n} \frac{w_i}{f_{ci}} \times 100\% \right) / n \qquad (2.6)$$

式中，Rsm 为土壤相对湿度指数（%）；a 为作物发育期调节系数，苗期为 1.1，水分临界期为 0.9（主要作物分临界期划分见 GB/T 32136—2015 附录 D），其余发育期为 1；w_i 为第 i 层土壤湿度（%），计算方法见 GB/T 32136—2015 附录 E；f_{ci} 为第 i 层田间持水量（%），计算方法见 GB/T 32136—2015 附录 E；n 为作物发育阶段对应土层厚度内相同厚度（以 10 cm 为划分单位）的各观测层次土壤湿度测值的个数（在作物播种期和苗期 $n = 2$，其他生长阶段 $n = 5$）。

2.1.3　农田与作物干旱形态指标

在《农业干旱等级》标准中，还推荐了农田与作物干旱形态指标，该指标是表征农田和作物受水分胁迫程度的外在形态的重要指标之一，直观地反映出农业干旱对作物的影响程度，采用农田干燥度、作物播种出苗（秧苗移栽）状况、叶片萎蔫程度等为农田与作物干旱形态指标。适用于农区旱情实地调查。表 2.3 为基于农田与作物干旱形态指标的农业干旱等级。

表 2.3 基于农田与作物干旱形态指标的农业干旱等级

等级	类型	农田与作物干旱形态				
		播种期		旱地作物出苗期	水稻移栽期	生长发育阶段
		旱地	水田			
1	轻旱	出现干土层,且干土层厚度小于3 cm	因旱不能适时整地,水稻田不能及时按需供水	因旱出苗率为60%~80%	栽插用水不足,秧苗成活率80%~90%	因旱叶片上部卷起
2	中旱	干土层厚度3~6 cm	因旱水稻田断水,开始出现干裂	因旱播种困难,出苗率为40%~60%	因旱不能插秧;秧苗成活率60%~80%	因旱叶片白天凋萎
3	重旱	干土层厚度7~12 cm	因旱水稻田干裂	因旱无法播种或出苗率为30%~40%	因旱不能插秧;秧苗成活率50%~60%	因旱有死苗、叶片枯萎、果实脱落现象
4	特旱	干土层厚度大于12 cm	因旱水稻田干裂严重	因旱无法播种或出苗率低于30%	因旱不能插秧;秧苗成活率小于50%	因旱植株干枯死亡

资料来源:GB/T 32136—2015《农业干旱等级》。

在利用《农业干旱等级》开展业务工作时,可根据观测资料情况选择适当的农业干旱指标。当具有计算作物水分亏缺距平指数所需要的观测资料时,可使用作物水分亏缺距平指数划分农业干旱等级。当具有连续土壤水分观测资料时,可采用土壤相对湿度指数划分农业干旱等级。当上述两者划分的农业干旱等级出现分歧时,以作物水分亏缺距平指数划分的等级为准。当前面两者资料均不具备时,采用农田与作物干旱形态指标划分农业干旱指标等级。

2.2 洪涝

洪灾是指由强降水形成的洪水径流冲毁设施、淹没农田,造成损失;涝灾是指强降水过后农田产生积水,无法及时排出,造成作物受淹,当持续时间超过作物的耐淹能力后所形成的危害。

暴雨常常会引发洪涝灾害,地理、地形和水文因素及土壤和田间排水状况,可影响洪涝灾害的发生程度。涝灾的发生程度还与作物种类及其所处的发育阶段有关。不同作物和同一作物在不同的发育期对土壤过湿和积水的适应能力不同。抗涝能力较强的作物为水稻和高粱。水稻虽然较耐涝,但长时间淹水会影响其光合作用,孕穗期淹水会使小穗停止生长,出现烂穗、畸形穗或白穗,穗粒数减少,空秕粒增多等。抗涝能力中等的作物为小麦、大豆和玉米。大豆虽然需水较多,但在幼苗期淹水1~2d将会落叶,三叶期水淹过顶和灌浆后期田间积水对大豆生产都有不利影响。抗涝力较弱的作物为棉花、甘薯、花生、谷子、芝麻等。棉花遭受涝灾常引起烂根、死苗,抗病力减弱,结铃期遭受涝灾则会引起落铃、烂桃,影响产量和品质。

水利部门为了给排水工程制定标准,对作物的耐涝性进行了试验研究,得出反映几种作物不同发育期耐淹水深和耐淹历时的指标(表2.4)。

表 2.4　农作物耐淹水深和耐淹历时

作物种类	生育期	耐淹水深(cm)	耐淹历时(d)
棉花	开花结铃期	5~10	1~2
玉米	苗期—拔节期	2~5	1~1.5
	抽穗期	8~12	1~1.5
	孕穗灌浆期	8~12	1.5~2
	成熟期	10~15	2~3
甘薯	全生育期	7~10	2~3
谷子	苗期—拔节期	3~5	1~2
	孕穗期	5~10	1~2
	成熟期	10~15	2~3
高粱	苗期	3~5	2~3
	孕穗期	10~15	5~7
	灌浆期	15~20	6~10
	成熟期	15~20	10~20
大豆	苗期	3~5	2~3
	开花期	7~10	2~3
小麦	拔节—成熟期	5~10	1~2
水稻	返青期	3~5	1~2
	分蘖期	6~10	2~3
	拔节期	15~25	4~6
	孕穗期	20~25	4~6
	成熟期	30~35	4~6

资料来源:王建林,2010。

2.3　干热风

干热风是一种高温、低湿与一定风力组合而成的综合性农业气象灾害。干热风是小麦扬花灌浆期间经常遇到的气象生理病害,它危害面积较大,发生频率也较高,减产显著,轻者减产5%~10%,重者减产10%~20%,甚至可达30%以上。《小麦干热风灾害等级》(QX/T 82—2007)中,将小麦干热风灾害分为三种类型,即高温低湿型、雨后青枯型、旱风型,并采用日最高气温、14时空气相对湿度和14时风速组合确定了上述三种类型的干热风指标。

高温低湿型:一般发生在小麦开花后 20 d 左右至蜡熟期。干热风发生时气温突升,空气湿度骤降,并伴有较大的风速。小麦受害症状为干尖炸芒,呈灰白或青灰色。造成小麦大面积干枯逼熟死亡,产量显著下降。

雨后青枯型:又称雨后热枯型或雨后枯熟型,一般发生在小麦乳熟后期,即成熟前 10 d 左右。其主要特征是有 1 次小到中雨或中雨以上降水过程,雨后猛晴,气温骤升,空气湿度骤降。雨后气温回升越快,温度越高,青枯发生越早,危害越重。一般可使千粒重下降 4～5 g,减产 10%～20%,甚至 20%以上。

旱风型:又称热风型,一般发生在小麦扬花灌浆期间。其主要特征是风速大、空气湿度低,并与一定的高温相配合。旱风型干热风对小麦的危害除了与高温低湿型相同外,大风还加强了大气的干燥程度,加剧了农田蒸发蒸腾,使小麦叶片缩成绳状,或撕裂破碎。旱风型干热风主要发生在新疆和黄土高原多风地区,在干旱年份出现较多。河北省冬小麦干热风灾害主要表现为高温低湿型和雨后青枯型,具体指标如表 2.5 和表 2.6 所示。

表 2.5　高温低湿型干热风等级指标

干热风程度	日最高气温(℃)	14 时相对湿度(%)	14 时风速(m/s)
轻	≥32 ℃	≤30	≥3
重	≥35 ℃	≤25	≥3

资料来源:QX/T 82—2007《小麦干热风灾害等级》。

表 2.6　雨后青枯型干热风指标

日最高气温(℃)	14 时相对湿度(%)	14 时风速(m/s)
≥30 ℃	≤40	≥3

资料来源:QX/T 82—2007《小麦干热风灾害等级》。

根据上述干热风指标来判定干热风日,用干热风天气过程中出现的干热风日等级天数组合确定干热风天气过程等级(表 2.7),并用干热风过程等级组合确定干热风年型的轻重(表 2.8)。

表 2.7　干热风天气过程等级指标

等级	指标
轻	除重干热风天气过程所包括的轻干热风日外,连续出现大于或等于 2 d 轻干热风日,连续 2 d 一轻一重干热风日,或出现 1 d 干热风日
重	连续出现大于或等于 2 d 重干热风日 在 1 次干热风天气过程中出现 2 d 不连续重干热风日,或 1 个重日加 2 个以上轻日

资料来源:QX/T 82—2007《小麦干热风灾害等级》。

表 2.8 干热风年型等级指标

等级	指标	危害参考值
轻	1年中有2次以上轻干热风过程,或1次重过程,或轻干热风日连续≥4 d	小麦千粒重一般下降 2～4 g,减产 5%～10%
重	1年中有2次以上重干热风过程,或2轻1重,或4次以上轻过程	小麦千粒重一般下降 4 g 以上,减产 10%～20%或 20%以上
	过程中重干热风日连续 4 d 以上,或轻干热风日连续 7 d 以上	

资料来源:QX/T 82—2007《小麦干热风灾害等级》。

2.4 冰雹

冰雹是对流性雹云降落的一种固态水。冰雹的形成主要是冰雹云中强烈的上升气流携带着许多大大小小的水滴和冰晶运动,使一些水滴和冰晶合并冻结成较大的冰粒,并被上升气流输送到含水量累积区,成为冰雹核心。雹核在反复多次上升和下落过程中合并冻结,生长变大,最终当上升气流支撑不住冰雹时,从云中降落下来。

根据冰雹的发生条件、发展过程及降雹强度,通常分为气团降雹、飑线降雹、冷锋降雹。不同类型的天气系统,上升气流扰动强度不同,雹块大小及危害程度也就不同。降雹和中、小尺度天气系统紧密相连,又受地形和下垫面状况的影响极大。即使在相同的天气形势和气象条件下,冰雹的出现地区和强度也会有很大不同。冰雹的移动路径主要决定于所处的天气系统的位置和气流方向及当地的地形。河北省天气系统多由西向东或由西北向东南移动,所以冰雹也多由西向东或西北向东南移动。由于受当地地形的影响,冰雹走向又常常与山脉、河流走向相一致。

冰雹灾害的强度与雹块大小、雹粒的多少、降雹时间长短、降雹范围及所伴随的风力和雨量有关。通常直径小的冰雹在数量多或持续时间长的情况下才会致灾。直径大的冰雹会造成灾害,直径大于 6 cm 的特大冰雹一般会造成严重灾害。冰雹的密度大,也是冰雹致灾的重要原因。《农业气象观测规范》(国家气象局,1993)中,将冰雹灾害的强度分为轻、中、重三级。同时根据冰雹对作物造成的损伤状况将冰雹灾害分为轻、中、重三级(具体指标见表 2.9)。

表 2.9　冰雹强度及冰雹灾害指标

分类		指　标
冰雹强度	轻雹	多数冰雹直径不超过 0.5 cm,累计降雹时间不超过 10 min,地面积雹厚度不超过 2 cm。
	中雹	多数冰雹直径不超过 0.5~2.0 cm,累计降雹时间 10~30 min,地面积雹厚度不超过 2~5 cm。
	重雹	多数冰雹直径 2.0 cm 以上,累计降雹时间 30 min 以上,地面积雹厚度 5 cm 以上。
冰雹灾害	轻度	作物叶子被冰雹击破,作物倒伏。
	中度	作物茎秆折断,花、果实、籽粒脱落。
	重度	植株死亡,颗粒无收。

资料来源:王建林,2010。

2.5　霜冻

2.5.1　霜冻概念及种类

在气象学中,霜是一种天气现象,指当气温下降使地表或接近地表的物体表面最低温度降到 0 ℃ 或以下,空气中的水汽直接凝华在地表或物体上形成白色的冰晶。霜冻则是一种零下低温灾害,指在作物生长期间,土壤表面或作物冠层附近的最低气温下降到 0 ℃ 以下,使作物体内组织冻结,生理活动受到损害,从而引起农作物植株(茎叶)遭受冻伤或死亡的现象。

根据霜冻发生时的条件与特点的不同,霜冻可分为三种类型:①平流型霜冻,是由北方大规模强冷空气侵袭而引起的,发生的范围广,持续时间长,多发生于晚秋或早春;②辐射型霜冻,是由于夜间地面或植物辐射冷却而引起的,发生范围小,危害性小;③平流辐射型霜冻(混合型霜冻),由冷平流和辐射冷却综合作用而引起,多发生于晚秋和晚春,对农作物危害最严重。根据霜冻的发生时间可分为早霜冻、晚霜冻两种。早霜冻发生在由温暖季节向寒冷季节的过渡时期。在中纬度地区,早霜冻常发生在秋季,所以也叫秋霜冻,主要危害尚未成熟的秋作物和未收获的露地蔬菜;晚霜冻则是由寒冷季节向温暖季节的过渡时期发生的霜冻,在中纬度地区常发生在春季,所以又叫春霜冻,主要危害春播作物的幼苗、越冬后返青的作物和处于花期的果树。

空气湿润时发生霜冻,常在地面物体上看到白色冰晶,称为“白霜”。北方春、秋季节空气干燥,发生霜冻时,往往水汽不足,不出现白霜,但地面或作物表面温度同样可以降到 0 ℃ 以下,仍然对作物形成伤害,这种没有霜的霜冻农民称之为“黑霜”。由于白霜形成时,水汽凝结可以放出热量,冰晶还能产生隔热作用,所以出现“黑霜”时的危害通常要比"白霜"更大。各种作物对低温的抵抗力不同,即使同一作物在各个发育阶段的抗寒能力也不相同。

2.5.2 霜冻灾害指标

表 2.10~表 2.13 分别给出了几种主要粮食作物、经济作物、蔬菜和林果不同发育阶段的霜冻害温度指标。

表 2.10 主要粮食作物霜冻害等级指标(日最低气温) 单位:℃

作物名称	轻霜冻		中霜冻		重霜冻				
	苗期	开花期	乳熟期	苗期	开花期	乳熟期	苗期	开花期	乳熟期
玉米	−1.0~−2.0	0.0~−1.0	−1.0~−2.0	−2.0~−3.0	−1.0~−2.0	−2.0~−3.0	−3.0~−4.5	−2.0~−3.0	−3.0~−4.0
高粱	−1.0~−2.0	0.0~−1.0	−1.5~−2.5	−2.0~−3.0	−1.0~−2.0	−2.5~−3.5	−3.0~−4.0	−2.0~−3.0	−3.5~−4.5
冬小麦	−7.0~−8.0	0.0~−1.0	−1.0~−2.0	−8.0~−10.0	−1.0~−2.0	−2.0~−3.0	−9.0~−10.0	−2.0~−3.0	−3.0~−4.0
春小麦	−3.0~−4.0	−1.0~−2.0	−2.0~−3.0	−4.0~−5.0	−2.0~−3.0	−3.0~−4.0	−5.0~−6.0	−3.0~−4.5	−4.0~−5.5
谷子	−1.0~−2.0	0.0~−1.0	0.0~−1.0	−2.0~−3.0	−1.0~−2.0	−1.0~−2.0	−3.0~−4.0	−2.0~−3.0	−2.0~−3.0
水稻	0.0~−0.5	0.0~−0.5	0.0~−0.5	−0.5~−1.0	−0.5~−1.0	−0.5~−1.0	−1.0~−2.0	−1.0~−2.0	−1.0~−2.0
马铃薯	−1.0~−2.0	−0.5~−1.0		−2.0~−3.0			−3.0~−4.0		
大豆	−1.0~−2.0	0.0~−1.0	0.5~0.0	−2.0~−3.0	−1.0~−2.0	0.0~−1.0	−3.0~−4.5	−2.0~−3.0	−1.0~−2.5
燕麦	−6.0~−7.0	−1.0~−2.0	−1.0~−2.0	−7.0~−8.0	−2.0~−3.0	−2.0~−3.0	−8.0~−9.0	−3.0~−4.0	−3.0~−4.0
荞麦	0.0~−1.0	0.0~−1.0	0.0~−1.0	−1.0~−2.0	−1.0~−2.0	−1.0~−2.0	−2.0~−3.5	−2.0~−3.0	−2.0~−3.0

资料来源:QX/T 88—2008《作物霜冻害等级》。

表 2.11 主要经济作物霜冻害等级指标(日最低气温) 单位:℃

作物名称	轻霜冻		中霜冻		重霜冻				
	苗期	开花期	乳熟期	苗期	开花期	乳熟期	苗期	开花期	乳熟期
棉花	2.0~1.0	1.0~0.0	0.0~−1.0	1.0~0.0	0.0~−1.0	−1.0~−2.0	0.0~−1.0	−1.0~−2.0	−2.0~−3.5
花生	0.5~0.0			0.0~−1.0			−1.0~−2.0		
烟草	1.0~0.0	1.0~0.0		0.0~−1.0	0.0~−1.0		−1.0~−2.0	−1.0~−2.5	
芝麻	1.0~−0.5	1.0~−0.5		−0.5~−1.0	−0.5~−1.0				
亚麻	0.5~−0.5	0.5~−0.5		−0.5~−1.0	−0.5~−1.0				
向日葵	−3.0~−4.0	−1.0~−2.0	−1.0~−2.0	−4.0~−5.0	−2.0~−3.0	−2.0~−3.0	−5.0~−6.0	−3.0~−4.0	−3.0~−5.0
蓖麻	0.0~−1.0	0.0~−1.0	−1.0~−2.0	−1.0~−2.0	−1.0~−2.0	−2.0~−3.0	−2.0~−3.0	−2.0~−3.0	−3.0~−4.5
甜菜	−5.0~−7.0	−1.0~−2.0		−7.0~−8.0	−2.0~−3.0		−8.0~−9.0	−3.0~−4.5	
甜瓜	1.0~0.0	1.0~0.0	1.0~0.0	0.0~−1.0	0.0~−1.0	0.0~−1.0	−1.0~−2.0	−1.0~−2.0	−1.0~−2.5

资料来源:QX/T 88—2008《作物霜冻害等级》。

表 2.12　主要蔬菜霜冻害温度指标(日最低气温)　　　　单位:℃

作物名称	轻霜冻			中霜冻			重霜冻		
	苗期	开花期(中期)	乳熟期(食用期)	苗期	开花期(中期)	乳熟期(食用期)	苗期	开花期(中期)	乳熟期(食用期)
黄花菜	-1.0~-1.5	-1.5~-3.0		-1.5~-3.0	-3.0~-4.0		-3.0~-4.0	-4.0~-5.0	
芫荽	-7.0~-8.0	-1.0~-2.0	-2.0~-3.0	-8.0~-9.0	-2.0~-3.0	-3.0~-4.0	<-9.0	<-3.0	<-4.0
豌豆	-4.0~-5.0	-1.0~-2.0	-2.0~-3.0	-5.0~-6.0	-2.0~-3.0	-3.0~-4.5	-6.0~-8.0	-3.0~-4.0	<-4.5
蚕豆	-3.0~-4.0	-1.0~-2.0	-2.0~-3.0	-4.0~-5.0	-2.0~-3.0	-3.0~-4.0	<-6.0	<-3.0	<-4.0
胡萝卜	-3.0~-5.0		-3.0~-4.5	-5.0~-7.0		-4.5~-6.0	<-7.0		<-6.0
萝卜	-2.0~-3.0		-2.0~-3.0	-3.0~-4.0		-3.0~-5.0	<-4.0		<-5.0
菜豆	1.0~-0.5	0.5~-0.5	-0.5~-1.5	-0.5~-1.5	-0.5~-1.5	-1.5~-2.5	<-1.5	<-1.5	<-2.5
番茄	1.0~0.0	1.0~0.0	1.0~0.0	0.0~-1.5	0.0~-1.5	0.0~-2.0	-1.5~-3.0	-1.5~-3.0	-2.0~-3.0
黄瓜	2.5~1.0	1.0~0.0	2.0~1.0	1.0~0.0	0.0~-1.0	1.0~-1.0	0.0~-1.5	-1.0~-2.0	-1.0~-2.5
大白菜	-1.0~-2.0		-3.0~-4.0	-2.0~-3.0		-4.0~-6.5	-3.0~-4.5		<-6.5
茄子	1.5~0.0		1.0~0.0	0.0~-1.0		-1.0~-2.0	-1.0~-2.0		<-2.0
青椒	2.0~1.0		1.0~0.0	1.0~0.0		-1.0~-1.5	-1.0~-2.0		<-1.5
甘蓝	-4.0~-5.0	-1.0~-2.0	-5.0~-6.0	-5.0~-7.0	-2.0~-3.0	-6.0~-8.0	<-7.0	-3.0~-4.0	<-8.0
芜菁	-4.0~-6.0					-6.0~-7.0	<-7.0		
芥子菜	-2.0~-4.0	-1.0~-2.0	-2.0~-3.0	-4.0~-6.0	-2.0~-3.0	-3.0~-4.0	<-6.0	<-3.0	<-4.0

资料来源:QX/T 88—2008《作物霜冻害等级》。

表 2.13　主要果树霜冻害等级指标(日最低气温)　　　　单位:℃

果树种类		苹果	梨	桃	樱桃	草莓	杏	李子
轻霜冻	花芽膨大	-2.0~-3.0	-2.0~-3.0	-2.0~-4.0	-1.0~-2.0	-4.0~-6.0	-3.0~-4.0	-2.5~-4.0
	花蕾期	-1.0~-2.0	-1.0~-2.0	-1.0~-2.5	-1.0~-2.0	-2.0~-4.0	-1.0~-2.0	-1.5~-2.5
	初花期	-1.0~-2.0	-1.0~-1.5	-1.0~-2.0	-0.5~-1.5	-1.5~-3.0	-1.0~-2.0	-1.0~-2.0
	盛花期	-0.5~-1.5	0.0~-1.0	-1.0~-2.2	0.0~-1.0	-1.0~-2.0	-1.0~-2.0	-1.0~-2.0
	初果期	-0.5~-1.0	0.0~-1.0	-1.0~-2.0	-1.0~-2.0	-1.0~-2.0	-1.5~-2.5	-1.0~-2.0
中霜冻	花芽膨大	-3.0~-4.0	-3.0~-3.8	-4.0~-6.0	-2.0~-3.5	-6.0~-7.5	-4.0~-6.0	-4.0~-5.0
	花蕾期	-2.0~-3.0	-2.0~-2.7	-2.5~-3.5	-2.0~-3.0	-4.0~-6.0	-2.0~-4.0	-2.5~-3.5
	初花期	-2.0~-2.7	-1.5~-2.2	-2.0~-3.0	-1.5~-2.3	-3.0~-5.0	-2.0~-3.2	-2.0~-3.0
	盛花期	-1.5~-2.5	-1.0~-2.0	-2.0~-3.0	-1.0~-2.0	-2.0~-4.0	-2.0~-3.0	-2.0~-2.5
	初果期	-1.0~-2.0	-1.0~-1.8	-2.0~-2.8	-1.0~-1.8	-3.0~-5.0	-2.5~-3.5	-2.0~-2.8
重霜冻	花芽膨大	<-4.0	<-3.8	<-6.0	<-3.5	<-7.5	<-6.0	<-5.0
	花蕾期	<-3.0	<-2.7	<-3.5	<-3.0	<-6.0	<-4.0	<-3.5
	初花期	<-2.7	<-2.2	<-3.0	<-2.3	<-5.0	<-3.2	<-3.0
	盛花期	<-2.5	<-2.0	<-3.2	<-2.0	<-4.0	<-3.0	<-2.5
	初果期	<-2.0	<-1.8	<-2.8	<-1.8	<-5.0	<-3.5	<-2.8

资料来源:QX/T 88—2008《作物霜冻害等级》。

2.6　冷害

冷害是指在农作物生长发育期间出现日平均温度在 10～23 ℃（有时低于 10 ℃）的低温天气过程，引起农作物生育期延迟，或使其生殖器官的生理活动受阻，而导致作物减产的一种农业气象灾害（全国气象防灾减灾标准化技术委员会，2009）。

2.6.1　冷害的致灾机理

冷害的致灾机理大致分为以下几个方面（王建林，2010）。

（1）使作物生理过程受阻。低温导致叶绿体中蛋白质变性，生物酶的活性降低甚至停止，使作物根部吸收的水分减少而导致气孔关闭，致使吸氧量不足，从而抑制光合作用效率，进而导致作物机体的代谢紊乱，最终影响作物的正常生长发育并造成伤害。

（2）使作物呼吸强度降低。作物生长发育过程中若温度从适宜温度下降 10 ℃，其呼吸作用效率会明显降低。低温还使作物根呼吸作用减弱，导致植株营养物质的吸收率减弱，破坏养分平衡。低温影响光合产物和营养元素向生长器官的输送，生长器官因养分不足和呼吸作用减弱而变得弱小、退化，甚至死亡。

（3）使作物生理失调。作物根部在低温条件下对矿物元素的吸收减少，导致某些不利于生长的元素在根中的含量不正常地增加，地上部分的含量不正常地减少；低温使碳水化合物从叶片向生长着的器官或根部运转降低，使这些部位的碳水化合物含量降低，造成叶片光合产物的分配失调。

（4）使作物生长受阻。温度越低，持续的时间越长，光合作用速率下降得越明显。此外，由于光合作用的下降导致作物的生长量明显不足，使叶面积明显减小、株高、叶龄、干物重等生长指标降低，并最终使产量下降。

2.6.2　冷害的类型

冷害根据其危害特点及症状，一般可分为：①延迟型冷害：低温导致作物生长发育延迟，或开花后持续低温使谷粒不能充分灌浆、成熟，导致减产和品质明显下降。②障碍型冷害：作物生殖生长期遇低温，使生殖器官生理机制破坏，造成不育或部分不育，形成空壳和秕粒。主要发生在孕穗期和抽穗开花期。③混合型冷害：延迟型冷害和障碍型冷害同年发生，混合型冷害比单一类型冷害危害更严重。

2.6.3　冷害指标

《水稻、玉米冷害等级》（QX/T 101—2009）中，选取当年 5—9 月期间的日平均气温作为致灾因子，将全国水稻障碍型冷害分为轻度、中度、重度三个等级，其中长江流域以北地区水稻孕穗期、抽穗开花期障碍型冷害的致灾因子分别为日平均气温小于或等于 17 ℃ 和日平均气温小于或等于 19 ℃ 的持续天数（表 2.14）。

表 2.14　水稻障碍型冷害等级指标

发育时段	致灾因子	致灾等级		
		轻度	中度	重度
孕穗期	日平均气温≤17 ℃的持续天数	2 d	3~4 d	≥5 d
抽穗开花期	日平均气温≤19 ℃的持续天数	2 d	3~4 d	≥5 d

资料来源:QX/T 101—2009《水稻、玉米冷害等级》。

《北方春玉米冷害评估技术规范》(QX/T 167—2012)中,利用出苗当前发育期的日平均气温大于或等于 10 ℃积温距平(计算方法见 QX/T 167—2012 附录 A)作为致灾因子,评估春玉米生长发育受到冷害影响的可能性,实现春玉米生长季内冷害的动态评估(表 2.15)。在春玉米生长季结束后,利用当年的 5—9 月的月平均气温之和的距平(计算方法见 QX/T 167—2012 附录 B)来判别冷害强度(表 2.16)。采用发生轻度及其以上春玉米冷害的气象站数占区域总站数(达到 10 个以上)的百分比来评估冷害影响范围,分为局部春玉米冷害、区域性春玉米冷害和大范围春玉米冷害三个级别(表 2.17)。在北方春玉米生长季结束后,利用冷害受灾面积和绝收面积来估算玉米产量冷害损失(计算方法见 QX/T 167—2012)。并利用估算的春玉米产量冷害损失,根据一个区域内当年春玉米产量冷害损失占该区域春玉米近三年平均产量的百分比的指标,来评估产量冷害损失的等级(表 2.18)。

表 2.15　北方春玉米生长季内冷害动态评估指标

发育期	积温距平 Ha（℃·d）			冷害发生的可能性（%）
	早熟品种	中熟品种	晚熟品种	
出苗—七叶	$Ha < -30$	$Ha < -35$	$Ha < -40$	55
出苗—抽雄	$Ha < -40$	$Ha < -45$	$Ha < -50$	70
出苗—乳熟	$Ha < -45$	$Ha < -50$	$Ha < -55$	78

资料来源:QX/T 167—2012《北方春玉米冷害评估技术规范》。

表 2.16　北方春玉米冷害强度指标

冷害强度	5—9 月逐月平均气温之和的多年平均值 $\overline{T}$（℃）						单产减产率参考值（%）
	$\overline{T} \leq 80$	$80 < \overline{T} \leq 85$	$85 < \overline{T} \leq 90$	$90 < \overline{T} \leq 95$	$95 < \overline{T} \leq 100$	$100 < \overline{T} \leq 105$	
轻度冷害	$-1.4 < \Delta T \leq -1.1$	$-1.9 < \Delta T \leq -1.4$	$-2.4 < \Delta T \leq -1.7$	$-2.9 < \Delta T \leq -2.0$	$-3.1 < \Delta T \leq -2.2$	$-3.3 < \Delta T \leq -2.3$	$5 \leq \Delta Y < 10$
中度冷害	$-1.7 < \Delta T \leq -1.4$	$-2.4 < \Delta T \leq -1.9$	$-3.1 < \Delta T \leq -2.4$	$-3.7 < \Delta T \leq -2.9$	$-4.1 < \Delta T \leq -3.1$	$-4.4 < \Delta T \leq -3.3$	$10 \leq \Delta Y < 15$
重度冷害	$\Delta T \leq -1.7$	$\Delta T \leq -2.4$	$\Delta T \leq -3.1$	$\Delta T \leq -3.7$	$\Delta T \leq -4.1$	$\Delta T \leq -4.4$	$\Delta Y \geq 15$

注:$\overline{T}$ 为 5—9 月逐月平均气温之和的多年平均值;ΔT 为当年 5—9 月逐月平均气温之和的距平;ΔY 为单产减产率。

资料来源:QX/T 167—2012《北方春玉米冷害评估技术规范》。

表 2.17　北方春玉米冷害影响范围评估指标

影响范围	发生轻度及其以上的冷害的气象站数占评估区域总站数的百分比 P（%）
局部冷害	P＜20
区域性冷害	20≤P＜50
大范围冷害	P≥50

资料来源：QX/T 167—2012《北方春玉米冷害评估技术规范》。

表 2.18　春玉米产量冷害损失等级

产量损失等级	当年春玉米产量冷害损失占春玉米近三年平均总产量的百分比 Q（%）
一般损失	3≤Q＜8
严重损失	8≤Q＜15
重大损失	15≤Q＜20
特别重大损失	Q≥20

资料来源：QX/T 167—2012《北方春玉米冷害评估技术规范》。

2.7　冻害

冻害一般指越冬作物、果树、林木在越冬期间因遇到 0 ℃以下的低温，使植物体内结冰或丧失生理活动，造成植株死亡或部分死亡的现象。冻害发生与否，与天气寒冷程度、降温幅度以及作物所处的发育阶段都有密切关系。冻害的轻重还与植株本身的抗寒能力有关。根据不同时期受低温危害的情况，冻害可以分为以下三种类型。

冬季严寒型：冬季出现剧烈降温或连续降温，气温明显偏低，超过作物生育的下限，并且低温状况维持时间较长，而造成作物或苗木受冻。

初冬温度骤降型：秋季气温明显偏高，0 ℃以上活动积温多，突遇强冷空气入侵，气温骤降，迅速进入冬季，致使作物或苗木受冻。

休眠期气温起伏型：此类型多发生在 12 月下旬至翌年 1 月底，此时作物或果木已经进入正常休眠状态，虽具有一定的抗寒能力，但若休眠期气温变化剧烈，如出现阶段性升温后，气温又大幅度下降，也容易使作物或苗木受冻。

河北省越冬作物主要是冬小麦。冬小麦在其生长发育过程中需要经历严寒冬季的春化阶段，因此容易遭受冻害。冬小麦冻害是多种因子的综合影响造成的，其中 0 ℃以下低温是引起麦苗受伤害或死亡的主导因子，另外抗寒锻炼时间的长短也是关系冬小麦是否受冻的一个因素。冬小麦抗旱锻炼一般分为两个阶段，第一抗寒锻炼阶段和第二抗寒锻炼阶段，第一抗寒锻炼为日平均气温从 5 ℃缓慢降至 0 ℃，大约 5～10 d，第二抗寒锻炼阶段为日平均气温从 0 ℃缓慢降至－5 ℃，也需 5～10 d。冬小麦品种按其冬春性可划分为强冬性、冬性、弱冬性和春性，不同类型的冬小麦的抗冻能力也存在一定差异。表 2.19 是不同类型冬小麦品种耐低温指标(韩湘玲,1991)。冬小麦在抗寒锻炼充分的情况下,其冻害指标如表 2.20 所示(代立芹 等,2014)。

表 2.19 不同类型冬小麦品种耐低温程度

品种类型	强冬性	冬性	弱冬性	春性
耐低温程度(℃)	−22～−24	−18～−20	−12～−16	−11～−12

表 2.20 河北省冬小麦极端低温冻害指标

抗寒锻炼程度	强冬性	冬性	半冬性
充分	−20 ℃	−19 ℃	−17 ℃

资料来源:代立芹等,2014。

表 2.21～表 2.23 分别为河北省冬小麦初冬剧烈降温型冻害指标、长寒型冻害指标、融冻型冻害指标(代立芹 等,2014)。

表 2.21 河北省冬小麦初冬剧烈降温型冻害指标

抗寒锻炼时间	强冬性	冬性	半冬性
第一阶段小于 5 d	最低气温降温幅度大于或等于 10 ℃,过程最低气温小于或等于−10 ℃	最低气温降温幅度大于或等于 10 ℃,过程最低气温小于或等于−9 ℃	最低气温降温幅度大于或等于 10 ℃,过程最低气温小于或等于−8 ℃
第二阶段小于 5 d	最低气温降温幅度大于或等于 10 ℃,过程最低气温小于或等于−14 ℃	最低气温降温幅度大于或等于 10 ℃,过程最低气温小于或等于−13 ℃	最低气温降温幅度大于或等于 10 ℃,过程最低气温小于或等于−12 ℃

资料来源:代立芹等,2014。

表 2.22 河北省冬小麦长寒型冻害指标

抗寒锻炼程度	强冬性	冬性	半冬性
充分	最低气温小于或等于−10 ℃的天数大于或等于 45 d,小于或等于−10 ℃的累积负积温小于或等于−600 ℃·d;或最低气温小于或等于−12 ℃的天数大于或等于 30 d,小于或等于−12 ℃的累积负积温小于或等于−450 ℃·d;或越冬天数大于或等于 85 d,越冬期平均气温小于或等于−5 ℃	最低气温小于或等于−10 ℃的天数大于或等于 30 d,小于或等于−10 ℃的累积负积温小于或等于−440 ℃·d;或最低气温小于或等于−12 ℃的天数大于或等于 20 d,小于或等于−12 ℃的累积负积温小于或等于−300 ℃·d	最低气温小于或等于−10 ℃的天数大于或等于 30 d,小于或等于−10 ℃的累积负积温小于或等于−400 ℃·d;或最低气温小于或等于−12 ℃的天数大于或等于 15 d,小于或等于−12 ℃的累积负积温小于或等于−200 ℃·d

抗寒锻炼程度	强冬性	冬性	半冬性
不充分	最低气温小于或等于−10 ℃的天数大于或等于35 d,小于或等于−10 ℃的累积负积温小于或等于−450 ℃;或最低气温小于或等于−12 ℃的天数大于或等于30 d,小于或等于−12 ℃的累积负积温小于或等于−400 ℃;或越冬天数大于或等于80 d,越冬期平均气温小于或等于−3.5 ℃	越冬天数大于或等于80 d,越冬期平均气温小于或等于−3.0 ℃	越冬天数大于或等于70 d,越冬期平均气温小于或等于−3.0 ℃

资料来源:代立芹等,2014。

表 2.23　河北省冬小麦融冻型冻害指标

抗寒锻炼程度	强冬性	冬性	半冬性
充分	高温后极端最低气温小于或等于−14 ℃	高温后极端最低气温小于或等于−13 ℃	高温后极端最低气温小于或等于−12 ℃
不充分	高温后极端最低气温小于或等于−13 ℃	高温后极端最低气温小于或等于−12 ℃	高温后极端最低气温小于或等于−11 ℃

资料来源:代立芹等,2014。

在冬小麦冻害监测中,需根据不同类型的冻害特点选择不同的监测要素指标,如表 2.24 所示(代立芹 等,2014)。在实际工作中可根据冬小麦的冻害监测指标进一步提炼完善冬小麦冻害指标。

表 2.24　不同类型冬小麦冻害监测指标

冻害类型	冻害监测指标
初冬剧烈降温型	①第一、二阶段抗寒锻炼的天数;②冬前稳定通过 0 ℃即停止生长期前后的日平均气温下降幅度;③此次降温过程后的极端最低气温。
冬季长寒型	①越冬期负积温;②越冬期间极端最低气温,此时有无积雪及积雪厚度;③平均气温在 0 ℃以下天数;④最低气温−10 ℃以下出现天数。
旱冻交加型	①冻前耕层土壤水分含量;②干土层厚度;③越冬期间降水量及积雪覆盖时期。
冻融交替型	①5 日滑动平均气温通过 0 ℃以后是否出现−5 ℃以下的极端最低气温;②5 日滑动平均气温通过 3 ℃以后是否出现−3 ℃以下的极端最低气温;③5 日滑动平均气温通过 5 ℃以后是否出现−2 ℃以下的极端最低气温。

2.8 高温热害

高温热害是指因气温过高,使作物生长发育和产量形成受阻,导致作物减产的农业气象灾害。

不同作物以及同一作物的不同发育期,均有不同的高温热害指标。一般来讲,高温热害指标是基于日最高气温、日平均气温和持续日数构建的。《主要农作物高温危害温度指标》(GB/T 21985—2008)中规定了水稻、冬小麦、玉米、棉花、油菜等几种作物不同发育期受高温危害的温度指标(表 2.25,表 2.26)。

表 2.25　水稻高温危害温度指标

品种	不同生长发育阶段高温危害温度指标
早稻	薄膜育秧期:$T_{Max} \geqslant 26$ ℃时,膜内幼苗受害。抽穗开花期:连续 3 天 $T_{Max} \geqslant 35$ ℃或 $T \geqslant 30$ ℃时,影响花粉发育和开花授粉。灌浆结实期:$T_{Max} \geqslant 35$ 或 $T_{Max} \geqslant 30$ ℃时,灌浆结实期缩短,成熟期提前,影响产量和品质。
中稻	薄膜育秧期:$T_{Max} \geqslant 26$ ℃时,膜内幼苗受害。孕穗期至抽穗开花期:连续 3 天 $T_{Max} \geqslant 35$ ℃或 $T \geqslant 30$ ℃时,花粉发育受影响和开花授粉受精不良。灌浆结实期:$T_{Max} \geqslant 28$ ℃时,灌浆结实期缩短,成熟期提前,千粒重下降,秕谷率增加,影响产量和品质。
晚稻	育秧期:$T_{Max} \geqslant 35$ ℃或 $T_{Max} \geqslant 30$ ℃时,秧苗质量差。抽穗开花期:连续 3 天 $T_{Max} \geqslant 35$ ℃或 $T \geqslant 30$ ℃时,花粉发育受影响和开花授粉受精不良。

注:T_{Max} 为日最高气温;T 为日平均气温。

资料来源:GB/T 21985—2008《主要农业作物高温危害温度指标》。

表 2.26　冬小麦、玉米、棉花、油菜高温危害温度指标

品种	不同生长发育阶段高温危害温度指标
冬小麦	冬小麦灌浆结实期 $T \geqslant 24$ ℃时,灌浆结实期缩短,成熟期提前,千粒重下降,影响产量和品质。
玉米	地膜玉米芽期:$T_{Max} \geqslant 30$ ℃时,膜内种芽受害。薄膜育秧期:$T_{Max} \geqslant 26$ ℃时,膜内幼苗受害。开花期:$T_{Max} \geqslant 30$ ℃,$H \leqslant 60\%$ 时,开花较少;$T_{Max} \geqslant 35$ ℃时,花粉粒丧失活力,不利于开花。灌浆结实期:$T \geqslant 25$ ℃时,灌浆结实期缩短,成熟期提前,影响产量和品质。
棉花	地膜覆盖出苗期:$T_{Max} \geqslant 30$ ℃时,种芽受害。薄膜育苗期:$T_{Max} \geqslant 26$ ℃时膜内幼苗受害。营养钵薄膜育苗期:$T_{Max} \geqslant 26$ ℃时,膜内功苗易受高温危害。
油菜	开花期:$T \geqslant 26$ ℃时,开花显著减少。灌浆结实期:$T_{Max} \geqslant 30$ ℃时,灌浆结实期缩短,成熟期提前,影响产量和品质。

注:T_{Max} 为日最高气温;T 为日平均气温;H 为空气相对湿度。

资料来源:GB/T 21985—2008《主要农业作物高温危害温度指标》。

2.9　连阴雨

连阴雨是指在作物生长季中出现连续阴雨达 4~5 d 或以上的天气现象,中间可以有短暂的日照,但不会持续 1 d 以上的晴天。连阴雨天气的日降水量可以是小雨、中雨,也可以是大雨或暴雨。各地气象台站根据本地天气气候特点及对农业生产的影响情况,其规定略有差异。

另外,由于连阴雨,湿度过大,还引发某些农作物病虫害的发生及蔓延。若春季出现连阴雨,则可能发生冬小麦渍害和棉花烂种等现象;在收获季节出现连阴雨,则可能造成水稻、花生等发芽霉烂,棉花烂铃僵瓣,甘薯腐烂等。

5—6 月正值冬小麦收获期,若遇到连阴雨天气,会导致小麦收获受阻。河北省初夏连阴雨灾害指标为:连阴雨日数≥3 d,过程降水量≥40 mm(表 2.27)。

表 2.27　初夏连阴雨指标

发生区域	出现时间	指　标
华北	5 月下旬至 6 月中旬	连阴雨日数≥3 d,过程降水量≥40 mm

2.10　大风

中国气象局规定风速大于或等于 17.2 m/s(8 级以上)的风称为大风。大风对农业危害很大,在北方,大风可加剧农作物的旱害和冷(冻)害,同时可造成林木和作物倒伏、断枝、落叶、落花、落果和矮化等,从而影响其生长发育和产量形成。不同的作物(林木)或同一作物(林木)不同的发育期抗风能力是不同的,如处于苗期的玉米抗风能力强,即使植株被风吹倒,一般也能恢复直立生长,但处于灌浆中后期的玉米,15 m/s 以上的大风可使植株折倒,产量可减少 50% 以上。随着设施农业的发展,大风也成为影响设施农业生产的一种灾害。

大风对设施农业的影响主要是使设施薄膜破损、棚室架构变形或折断甚至倒塌,进而导致棚室内的蔬菜、林果、花卉等植物受寒(冷、冻)害。杨再强等(2013)将大风对日光温室的影响分为轻灾、中灾、重灾、特重 4 个灾害等级,并给出相应的风速标准(表 2.28)。

表 2.28　日光温室大风灾害指标及其分级标准

大风灾害等级	日最大风速 W(m/s)
1 级(轻灾)	$15.0 < W \leqslant 17.0$
2 级(中灾)	$17.0 < W \leqslant 20.0$
3 级(重灾)	$20.0 < W \leqslant 25.0$
4 级(特重)	$W > 25.0$

资料来源:杨再强等,2013。

2.11　低温寡照

低温寡照是由于寡照引起棚室内低温,导致蔬菜不能正常生长发育的一种灾害。如果出现连阴天,就会导致日光温室内的热量得不到有效供给,致使温室内气温持续下降,蔬菜正常生长所需的光温条件得不到满足,导致其生理上发生突变,从而发生日光温室蔬菜的低温寡照灾害。在育苗期出现低温寡照,容易发生沤籽、烂根、苗弱等现象。在坐果(瓜)期出现低温寡照,则会影响花器官的正常发育,如花粉质量降低,不利于正常受精授粉,同时容易引起一些蔬菜病害的发生。任何时期的低温寡照都会对蔬菜生产带来不利的影响,但以幼苗期和开花期影响最大(马占元,1997)。

表 2.29 为日光温室黄瓜低温寡照灾害等级指标(魏瑞江,2010)。

表 2.29　日光温室黄瓜低温寡照灾害等级

k 值	灾害等级	黄瓜减产量	黄瓜表现
<-0.5	无灾	0	生长发育基本正常。
$-0.5\sim0$	轻度	0%～30%	植株生长速度减缓,开始落花、落果。天气转好后能马上恢复。
$0\sim0.5$	中度	30%～70%	部分植株出现生理性干旱、萎蔫,部分花果脱落,植株停止生长。
>0.5	重度	70%～100%	部分植株出现冷害,叶片开始出现脱水,严重时植株死亡。

$k = 0.46x_1 + 0.28x_2 + 0.16x_3 + 0.1x_4$

式中,k 为日光温室黄瓜低温寡照灾害指标,x_1 为寡照过程持续天数,x_2 为寡照过程中室外日平均气温的最低值,x_3 为日平均气温小于或等于 -1 ℃的天数,x_4 为寡照过程中逐日日照时数的累积量。

资料来源:魏瑞江,2010。

2.12　雪灾

降雪对设施农业的影响主要是降雪量过大或降雪过湿,设施薄膜或架构难以承受降雪量的压力而导致薄膜破损或架构变形或折断甚至倒塌,进而导致棚室内的蔬菜、林果、花卉等植物受寒(冷、冻)害。人们只是通过试验确定了雪灾的指标。如杨再强等采用能量平衡和风洞实验方法,得到不同风速不同降雪等级(小雪、中雪、大雪、暴雪)下日光温室和塑料大棚发生垮塌的临界时间(表 2.30),进而确定了日光温室和塑料大棚的雪灾气象指标(表 2.31),并将暴雪灾害等级分成 4级,并给出对应的日降雪指标(表 2.32)。

表 2.30　不同风速和降雪量下日光温室和塑料大棚发生垮塌的临界时间

风速(m/s)	24 h 降雪量(mm)	持续天数(d)	
		日光温室	塑料大棚
0	小雪(<2.4)	7.3	4.8
	中雪(2.5~4.9)	3.5	2.3
	大雪(5.0~9.9)	1.7	1.2
	暴雪(≥10.0)	<1.7	<1.2
2	小雪(<2.4)	7.5	5.3
	中雪(2.5~4.9)	3.7	2.6
	大雪(5.0~9.9)	1.8	1.3
	暴雪(≥10.0)	<1.8	<1.3
4	小雪(<2.4)	7.9	5.8
	中雪(2.5~4.9)	3.9	2.8
	大雪(5.0~9.9)	1.9	1.4
	暴雪(≥10.0)	<1.9	<1.4
6	小雪(<2.4)	8.4	5.6
	中雪(2.5~4.9)	4.1	2.7
	大雪(5.0~9.9)	2.1	1.4
	暴雪(≥10.0)	<2.1	<1.4
8	小雪(<2.4)	9.6	5.4
	中雪(2.5~4.9)	4.7	2.6
	大雪(5.0~9.9)	2.3	1.3
	暴雪(≥10.0)	<2.3	<1.3
10	小雪(<2.4)	8.5	5.5
	中雪(2.5~4.9)	4.1	2.7
	大雪(5.0~9.9)	2	1.3
	暴雪(≥10.0)	<2.0	<1.3

资料来源:张波,2013。

表 2.31　日光温室和塑料大棚发生不同雪灾等级的气象指标

温室种类	日光温室	塑料大棚
1级(轻灾)	小雪(每日降雪量小于 2.4 mm),持续时间大于 7 d	小雪(每日降雪量小于 2.4 mm),持续时间大于 5 d
2级(中灾)	中雪(每日降雪量 2.5~4.9 mm),持续时间 3.5~7 d	中雪(每日降雪量 2.3~4.8 mm),持续时间 3.5~8 d
3级(重灾)	大雪(每日降雪量 5.0~9.9 mm),持续时间 1.7~3.5 d	大雪(每日降雪量 5.0~9.9 mm),持续时间 1.2~2.4 d
4级(特重)	暴雪(每日降雪量≥10.0 mm),持续时间>1.7 d	暴雪(每日降雪量≥10.0 mm),持续时间>1.2 d

资料来源:张波,2013。

表 2.32　日光温室暴雪灾害指标及其分级标准

灾害等级	日降雪量 Sn(mm)
1 级(轻灾)	$15.0 \leqslant Sn < 20.0$
2 级(中灾)	$20.0 \leqslant Sn < 25.0$
3 级(重灾)	$25.0 \leqslant Sn < 30.0$
4 级(特重)	$Sn > 30.0$

资料来源:杨再强等,2013。

第3章 粮食作物气象服务指标

3.1 冬小麦

3.1.1 播种—出苗期

3.1.1.1 时间

9月下旬—10月上旬初河北省北部冬小麦开始播种,10月上旬中南部冬麦区开始播种。

3.1.1.2 适宜气象条件

(1)播种的适宜温度:冬性品种播种适宜的日平均气温为16~18 ℃,弱冬性品种为14~16 ℃,春性品种则以日平均气温12~14 ℃为宜。

(2)从播种到出苗约需日平均气温大于或等于0 ℃的积温为110~120 ℃·d。

(3)小麦播种出苗期最适宜的土壤相对湿度为60%~80%。若用土壤含水量作指标,适宜的土壤含水量为:沙土14%~16%,壤土16%~18%,黏土20%~24%。

(4)良好的底墒。若7—8月降水量达到300~500 mm,或当8月降水量大于250 mm时,9月上中旬降水量达200 mm左右,即可形成良好的底墒。

3.1.1.3 不利气象条件

(1)若候平均气温小于10 ℃时播种,冬前一般不能分蘖,若日平均气温低于3 ℃时播种,一般当年不能出苗,若日平均气温大于20 ℃时播种,则冬前易拔节。

(2)若7—8月降水量小于120 mm,则底墒不足。若7—8月降水量小于80 mm,则底墒严重不足。播期2旬(9月下旬—10月上旬或10月上旬—10月中旬)降水量达200 mm,则土壤表层过湿不利于田间作业,甚至会烂种。

(3)河北东北部若10月10日以后播种,常因冬前积温小于400 ℃·d,使小麦冬前不能形成壮苗。若10月10日以后晚播4~5 d,积温则减少70 ℃·d,即减少1个分蘖。

(4)冬小麦播种时常遇干旱,若土壤相对湿度小于60%,或者沙土、壤土、黏土的土壤含水量分别低于10%,13%,16%时,则冬小麦出苗率低,出苗不齐。

(5)如遇凉夏年份,一般秋作物贪青晚熟,腾茬偏晚,则会影响冬小麦适时播种出苗。

3.1.1.4 应对管理措施

(1)及时腾茬。及时收获前茬的秋作物,为冬小麦适时播种腾茬。

(2)提早备种。根据本地的自然条件和栽培条件,应选用吸收利用水、肥能力强、光合性能好,分蘖能力强,穗大、粒多、千粒重高,抗病、抗倒、抗旱、抗寒能力强的品种。在播种前对生产用的种子要进行晒种,可用精选机进行精选,也可以用人工筛选的方法去除秕籽、病籽、碎粒和草籽、泥沙等夹杂物,用大粒饱满的种子做种。

(3)精心整地。播种前的整地应该达到"深、细、透、实、平、足"的质量要求。深:就是要在原有基础上逐年加深耕作层;细:就是把土块耙碎,没有明显坷垃;透:就是耕透耙透,不漏耕漏耙;平:就是使耕层深浅一致,达到上平下也平;足:就是麦田墒情要适宜,底墒要足。结合深耕整地施足基肥,浇足底墒水。

(4)适时播种。在适宜播种期内播种,对播种质量的要求是行直垄正,沟直底平,下种均匀,覆土深浅适宜,盖严压实。根据河北省的气候特点和品种特性,一般要求播种深度为 4 cm 左右为宜。一般一边播种一边进行镇压,土壤墒情较差的要重镇压,土壤过湿的需晾墒后及时踩压或轻镇压。若播种时降雨过多,土壤板结,应及时开沟排渍,松土通气。若遇秋旱的年份,不要靠天等雨,应浇灌底墒水,保证冬小麦足墒播种。播种季节应"赶时不等墒,抢墒不等时",力争苗齐苗壮。

3.1.2　三叶—分蘖期

3.1.2.1　时间

北部冬小麦一般 11 月上中旬为分蘖期,中南部为 11 月中下旬。

3.1.2.2　适宜气象条件

(1)日平均气温 6~13 ℃,分蘖平稳,分蘖期根系生长的最适宜日平均气温为 16~20 ℃。

(2)最适宜的土壤相对湿度为 70%~80%。

(3)充足的光照,以形成足够的光合产物满足分蘖生长。

(4)出苗以后每长一片叶约需 80 ℃·d 积温,冬前每增加一个分蘖需有效积温 70 ℃·d 左右,平均 6 d 左右产生一个分蘖。冬前积温达 550~700 ℃·d,可形成壮苗。

(5)日平均气温从 5 ℃下降到 0 ℃,期间持续 15 d 左右,麦苗即可完成第一阶段的抗寒锻炼。

3.1.2.3　不利气象条件

(1)日平均气温小于 6 ℃时,分蘖缓慢;日平均气温小于 3 ℃时,一般不会发生分蘖;日平均气温为 13~18 ℃时,分蘖最快,但易出现徒长。日平均气温大于 18 ℃时,分蘖生长减慢,分蘖受到抑制。

(2)若冬前积温小于 400 ℃·d,多形成弱苗。若冬前积温大于 750 ℃·d,则会出现旺苗,致使麦苗抗寒能力下降。

(3)降温速度为 4 ℃/d,持续 2 d 以上,日最低气温小于-10 ℃或分蘖节处最低温度小于-6 ℃,则春季死苗率达 30%以上。

（4）若土壤相对湿度大于90％，土壤缺氧，则分蘖迟迟不长。土壤含水量小于10％，或土壤相对湿度小于50％时，导致干旱，会抑制分蘖生长，发生分蘖缓慢或缺位的现象。

（5）光照强度减弱时，冬小麦单株分蘖数、次生根数和分蘖干重都显著降低。

3.1.2.4　应对管理措施

（1）浇水和控水是促进和控制分蘖的主要措施，出苗后一个月浇"盘根水"，以促进次生根和新叶生长，增加冬前分蘖。

（2）由于播期偏早、播种量偏大或冬前气温过高而造成旺长的麦田，可采取深中耕断根的方法，使分蘖节处于干土层，能抑制分蘖。

（3）播种时需施足基肥，以氮肥、磷肥为主，氮肥可促进蘖芽发育，使分蘖增多。若磷肥不足，也会导致分蘖少，成穗率低。氮肥和磷肥混合施用，对促进分蘖作用更大。

（4）越冬前土壤相对湿度小于70％时，应当进行冬灌，确保小麦安全越冬。日平均气温在3～5 ℃时，冬灌最好，冬灌宜在"昼消夜冻"时进行。

（5）因现在冬小麦的播种地块多是秸秆还田，如果土壤过暄软的，也应进行冬灌。

3.1.3　越冬期

3.1.3.1　时间

北部冬小麦越冬期：11月下旬—翌年2月下旬；中南部冬小麦越冬期：12月上旬—翌年2月上中旬。

3.1.3.2　适宜气象条件

（1）日平均气温小于3 ℃，冬小麦即停止生长。日平均气温小于或等于0 ℃时，冬麦小进入越冬期。日平均气温从0 ℃降到−5 ℃，期间持续5～10 d，即可完成第二阶段的抗寒锻炼。

（2）冬季日平均气温小于或等于0 ℃的积温在−400 ℃·d以内，冬小麦可以安全越冬。

（3）初冬封冻之前，气温逐渐降低，麦苗经过5 ℃到0 ℃，进而0 ℃到−5 ℃的低温锻炼，抗寒能力大大增强。

（4）有适量的积雪覆盖，可起到保温保墒作用。

（5）土壤相对湿度为80％左右，利于小麦安全越冬。

3.1.3.3　不利气象条件

（1）冬小麦越冬期的剧烈强降温和冬末春初的强烈融冻，易造成冻害。在第一阶段抗寒锻炼日数小于5 d时，若最低气温降温幅度大于或等于10 ℃，降温过程最低气温小于或等于−8 ℃时，即可造成冻害；在第二阶段抗寒锻炼日数小于5 d时，若最低气温降温幅度大于或等于10 ℃，降温过程最低气温小于或等于−12 ℃时，即可造成冻害。

（2）如果未经过第一阶段抗寒锻炼，入冬前后最低气温突然降至−5 ℃以下，冬小麦便会遭受严重冻害,叶片大量枯死。冬小麦安全越冬临界温度:冬性品种分蘖节处能耐受的最低气温为－13 ℃,强冬性品种为－17 ℃。

(3)若1月平均气温小于－10 ℃,且最低气温小于－30 ℃,或冬小麦越冬期间日平均气温小于或等于0 ℃的日数在100 d以上,则冬小麦不能安全越冬。

(4)耕作层土壤相对湿度降到60%以下时,不利于安全越冬。

3.1.3.4　应对管理措施

(1)冬季日平均气温小于或等于0 ℃积温在－600～－400 ℃·d的地区,应采取防冻措施。破埂盖土,防寒保苗。冬季小于或等于0 ℃积温小于－700 ℃·d的地区不宜种植冬小麦。

(2)"春肥冬施、冬肥春用",即人们常说的追施"腊肥",就是随冬小麦浇封冻水时追一次肥,这次施肥主要是对二、三类苗及底肥不足的麦田。追施腊肥因此时气温低,肥料分解缓慢,损失少,春季麦苗能够及时吸收利用,使二、三类苗早返青、早转壮苗;追施腊肥还有巩固冬前分蘖、增加春蘖、提高成穗的作用。

3.1.4　返青期

3.1.4.1　时间

中南部麦区2月下旬开始陆续进入返青期,北部麦区3月上旬开始进入返青期。返青期历时45 d左右。

3.1.4.2　适宜气象条件

(1)日平均气温达到3 ℃时,麦苗开始返青,日平均气温4～6 ℃为返青适宜温度。此时幼穗处于小穗分化期,小穗分化期适宜日平均气温为6～8 ℃,日平均气温小于10 ℃,会延长穗分化时间,有利于长大穗。

(2)土壤相对湿度70%～80%。

(3)光照充足,同时光照强度强,有利于冬小麦恢复生长和小穗形成。

3.1.4.3　不利气象条件

(1)融冻型降温容易使冬小麦遭受冻害。在冬小麦抗寒锻炼充分的情况下,高温后极端最低气温小于或等于－12 ℃时,即可发生冻害;在抗寒锻炼不充分的情况下,高温后极端最低气温小于或等于－11 ℃时,即可发生冻害。

(2)早春气温偏低可导致冬小麦穗分化速度减慢。

(3)冬小麦返青后需水量增加,如果春季降水少,易出现麦田干旱,当土壤相对湿度小于55%时,将影响单株有效穗数和穗部性状发育。

3.1.4.4　应对管理措施

(1)巩固冬前分蘖,控制无效分蘖,培育壮苗,促小穗数。

(2)日平均气温稳定在4～5 ℃,土壤冻结层要化通时即可进行灌溉,灌溉时要注意不要大水漫灌,不可导致地面积水,防止夜间结冰冻伤麦苗。当耕作层土壤相对湿度低于60%时,需及时进行灌溉。

（3）返青期施肥、浇水时间还需视麦田情况而定。对于播种较晚、地力较差或底肥不足、总茎数不足成穗要求的麦田,春季可以考虑早施返青肥,早浇返青水。对于冬前总茎数达 70 万/亩* 的壮苗,起身期喷施壮丰胺等调节剂,以缩短基部节间,控制植株旺长,促进根系下扎,防止生育后期倒伏,这类麦田视土壤湿度情况适时浇水。对于冬前总茎数 50 万～70 万/亩的中等麦田,可以在起身中期后再追肥浇水。对于播种较晚没有分蘖的"单身汉",应以提高地温促进分蘖为主攻目标,可等到新根长出、新蘖露头再追肥浇水,浇水过早不仅地寒影响发苗,而且易造成土壤板结后抑制分蘖生长。

（4）中耕松土,提高地温和保墒,促苗早发。在分蘖高峰过后注意适当镇压、耙磨,抑制麦苗旺长,促使小蘖退化。

（5）在冻害、霜冻发生前进行灌溉,可提高土壤表面最低温度 2 ℃以上。

（6）发生冻害、霜冻后,如果出现大量叶片枯萎,不要急于毁种,因为即使主茎受害,基部分蘖还可以迅速萌生,及时浇水追肥仍可获得一定产量,因此应视不同情况进行分类管理:①对于冬旱麦田受冻,及早补墒或压麦提墒使分蘖节吸收水分恢复分蘖;②对于旺苗受冻,用铁丝耙子狠耧,除去枯叶,可减轻冻枯叶鞘对心叶的束缚,减少死蘖;③对于弱苗受冻,由于麦苗对水肥的吸收能力差,须先松土提高地温,施优质有机肥和磷肥,等地温明显提高、新根长出后再浇水,追肥量应随植株长高而逐渐增加。

3.1.5　拔节—孕穗期

3.1.5.1　时间

中南部麦区 4 月中旬初进入拔节期,北部麦区 4 月中旬末进入拔节期。拔节期历时 20 d 左右。

3.1.5.2　适宜气象条件

（1）日平均气温达到 10 ℃以上时,冬小麦植株节间开始伸长。日平均气温稳定在 12～16 ℃,对形成短、粗、壮的茎秆最为有利。孕穗期适宜的温度为日平均气温在 15～17 ℃。

（2）小麦拔节到孕穗期需水量占全生育期需水量的 25%～30%,0～60 cm 以上土层的土壤相对湿度要维持在 75%～80%,或土壤含水量保持在 18%～20% 为宜。

（3）田间空气相对湿度以 60%～80% 为宜。

（4）光照充足,无连阴雨天气。充足的光照可使穗部正常发育,小花数增多,提高小花成花百分率。

3.1.5.3　不利气象条件

（1）冬小麦进入拔节期抗寒能力大大下降,拔节后 10～15 d 即雌雄蕊分化期

---

*　1 亩＝666.7 m²,下同。

抗寒能力最差,如果最低气温下降到－3 ℃,持续 6～7 h,或最低气温下降到－6 ℃时幼穗即受冻。

(2)穗分化达到二棱期的冬小麦遇到－10 ℃的低温,持续 5 h 即遭受严重冻害。

(3)日平均气温在 20 ℃以上,节间伸长最快,但往往会发生徒长。

(4)拔节—孕穗期为小花分化期,必须保持一定的光照强度,光照不足、连阴雨天气,容易引起小花退化,麦穗缺粒率增加。

3.1.5.4　应对管理措施

(1)根据冬小麦苗情,采取适当的促控措施,协调个体与群体生长发育,争取个体发育健壮,群体合理。若群体过大应采取深中耕抑制旺长,也可晚浇拔节水。

(2)施好拔节肥,争取分蘖成穗、穗大粒多。起身期未施肥或施肥很少的麦田,拔节肥应早施,以免脱肥。对于群体较大,分蘖很多的旺苗,应采取控肥水、控长速措施,拔节期的肥水管理应适当推迟,等第二节间定长,倒二叶出现或展开一半时再实施肥水管理。

(3)孕穗期水肥管理。冬小麦孕穗期是四分体形成期,是冬小麦需水的临界期,良好的肥水条件能促进花粉粒的正常发育,提高结实率,有利于籽粒灌浆,增加粒重。因此,此阶段要保证水分的充分供应,土壤相对湿度保持在 75%～80%。如果此时有肥力不足的表现,可补施少量氮肥,防止后期早衰,施肥应在冬小麦剑叶露尖前后。如果此时叶色浓绿,则不宜再追施氮肥,防止后期贪青晚熟。

(4)晚霜到来前灌水或放烟剂预防霜冻害。

3.1.6　抽穗—开花期

3.1.6.1　时间

中南部麦区 4 月下旬进入抽穗期,北部麦区 5 月上旬进入抽穗期。抽穗期历时 10 d 左右。冬小麦抽穗后一般 3～5 d 开花、授粉,全穗开花时间约持续 3～5 d,全田开花时间则为 7～8 d,开花高峰为 9—11 时和 15—18 时。

3.1.6.2　适宜气象条件

(1)冬小麦抽穗适宜的日平均气温为 13～20 ℃,开花适宜的日平均气温为 18～24 ℃。冬小麦抽穗、开花的最低气温为 9～11 ℃,最高气温为 32 ℃。

(2)晴朗微风的天气,或晴天多,无连续性阴雨天气。平均每天日照时数达 7 h 以上,利于提高结实率。

(3)空气相对湿度 70%～80%利于冬小麦开花授粉。

(4)小麦抽穗开花期 0～80 cm 的土壤相对湿度宜保持在 70%～80%。

3.1.6.3　不利气象条件

(1)开花期怕高温干旱,日最高气温大于 35 ℃,土壤水分供应不足,会引起花期生理性干旱,降低结实率。

(2)开花期空气相对湿度小于 20%,则易出现干旱不实,影响正常授粉。但空气湿度过大时,如空气相对湿度大于90％时,花粉粒易吸水膨胀破裂,丧失受精能力引起不实。阴天潮湿,导致开花期延迟。

(3)阴雨湿害。冬小麦孕穗至抽穗期是受湿害的临界期,冬小麦受渍后恢复能力最差,减产最严重。

(4)开花灌浆期遇连续阴雨天气,日平均气温在 15 ℃ 以上,空气相对湿度在85％以上,连续 3～4 d 的湿热,光照不足,会引起赤霉病的暴发。

(5)湿度大的麦田,赤霉病、白粉病、锈病、纹枯病较易发生和蔓延,造成湿害、病虫害并发,严重影响小麦生长发育。

3.1.6.4　应对管理措施

(1)冬小麦抽穗开花之前,根据实际情况适当追肥灌水,以保证冬小麦所需的水分。对于中低产麦田,应于小花退化高峰前,供给充足的水分,并追施磷肥,以减少小花退化增加穗粒数。对于肥力较高的麦田,不需浇水施肥,为了减少小花退化,增加穗粒数,必须保持合理的群体结构,并且改善光照条件,促使植株健壮。

(2)如果降水过多,则应做好排水工作,降湿降渍,增强土壤通气性。

(3)做好病虫害预报,及时防治病虫害。

3.1.7　灌浆—成熟期

3.1.7.1　时间

中南部麦区 5月上旬末,北部麦区 5月中旬进入灌浆期。6月上旬中南部冬小麦成熟,6月中旬北部冬小麦成熟。冬小麦灌浆持续时间约 30 d。

3.1.7.2　适宜气象条件

(1)灌浆初期最适宜的温度条件为日平均气温 18～22 ℃,乳熟到蜡熟适宜的日平均气温为 20～22 ℃。

(2)灌浆阶段需水量为 120 mm,土壤相对湿度以 70％～80％为宜。

(3)灌浆期日照时数每增加 1 h,粒重增加 0.2 g。

(4)在灌浆末期往往会出现一个灌浆强度猛增的阶段,历时 2～3 d,千粒重每天增加 1～2 g,这个阶段称为灌浆强度小高峰。灌浆末期日平均气温为 20～24 ℃时,有利于灌浆强度小高峰的形成。

(5)小麦成熟后期需 7～10 个晴好天气,以保证冬小麦的收割、脱粒、晒场的顺利完成。

3.1.7.3　不利气象条件

(1)冬小麦灌浆的上限温度为日平均气温 26～28 ℃,下限温度为日平均气温 12～14 ℃。

(2)干热风对乳熟期小麦危害最重,蜡熟末期受害最轻。轻度干热风:日最高气温大于或等于 30 ℃,14 时空气相对湿度小于或等于 30％,14 时风速大于或等于 3 m/s;重度干热风:日最高气温大于或等于 35 ℃,14 时空气相对湿度小于或等于

25％,14 时风速大于或等于 3 m/s。

(3)乳熟期以后若连续降水量达 15 mm 以上,紧接着出现日最高气温大于或等于 30 ℃的高温天气,则易造成小麦高温逼熟。

(4)前期低温多雨,根系早衰的情况下,雨后再遇气温高,并伴随旱风,则易引起青枯逼熟。

(5)冬小麦灌浆成熟期若多雨寡照,田间湿害易造成根系早衰,灌浆期缩短,粒重降低,同时易引发病虫害。

(6)连阴雨不利于光合作用和养分积累。暴雨、大风等天气易造成小麦倒伏,冰雹天气易造成冬小麦脱粒。

3.1.7.4 应对管理措施

(1)冬小麦从开花到成熟期的耗水量占全生育期的 32.5％。北方雨水稀少,应适时浇"三水",即扬花水、灌浆水、麦黄水。对于土质肥沃、底墒较好的麦田,在成熟前 20 d 左右可停止浇水,不浇麦黄水。对保墒性差的麦田,特别是沙性土壤,应根据土壤墒情适当增加灌溉次数,以满足灌浆需要,但要注意有风时停止浇水,防止植株倒伏。

(2)合理施肥,适量喷施叶面磷肥,提高千粒重

(3)随着气温的升高,冬小麦锈病、白粉病、蚜虫、红蜘蛛、黏虫等病虫害可能相继发生,应及时进行防治。

(4)适时收获晾晒小麦。

3.2 水稻

3.2.1 播种—出苗期

3.2.1.1 时间

河北省水稻以一季稻为主,种植区域为河北省东北部。播种时间为 4 月下旬。

3.2.1.2 适宜气象条件

(1)水稻播种的三基点温度分别为:最低温度为日平均气温 10～12 ℃,最适温度为日平均气温 20～22 ℃,最高温度为日平均气温 40 ℃。水稻种子发芽出苗的最低温度:籼稻为 12 ℃,粳稻为 10 ℃。出苗时间与温度的关系是随着温度的升高,发芽速度加快。水稻出苗的最低温度是 10～12 ℃,12～18 ℃范围内出苗速度与温度上升几乎呈线性关系;20 ℃以上出苗健壮。

(2)在自然条件下,以日平均气温稳定通过 10～12 ℃的初日作为水稻安全播种期。

(3)薄膜保温旱育秧,当日平均气温稳定通过 6.5 ℃时即可播种。这时膜内平均温度可达 12 ℃以上,白天有 7～8 h 温度在 15 ℃以上,最高温度可达 20 ℃,水稻种

子能正常发芽出苗。

(4)利用温室育秧时,日平均气温稳定在 15 ℃以上时,为安全播种期。

3.2.1.3　不利气象条件

(1)日平均气温小于 12 ℃连续 5 d 以上,或日平均气温小于 5 ℃,连续 2 d 以上时,水稻易出现烂秧。

(2)水育秧时,水温高,出苗快,但容易发生芽鞘徒长,会出现倒芽飘秧现象,水温过高时,种芽会被"烫死"。水温达 38 ℃以上对出苗不利。

(3)旱育秧时,播种到出苗期若畦面有水层,或有"脚印水",种芽会因缺氧而死。

3.2.1.4　应对管理措施

(1)选择好播种适宜时间:早熟品种安排在 4 月初播种是适宜的,最迟不过清明节。一季中稻可在 4 月 10 日左右播种,过迟不利于中稻的营养生长。中晚熟品种应在 4 月初播种为宜。

(2)选择好育秧方式

水育秧:水播水育,秧田经常保持浅水层。

旱育秧:旱播旱育,秧畦保持湿润,不见水层。

湿润育秧:秧畦前期保持湿润,沟中有水,后期保持浅水层。

(3)自然条件下育秧的秧田,播种后若遇大雨天气时,应提前放水入畦,使秧田有 3～5 cm 水层,保护谷芽不被雨点冲击成小堆或陷入泥中或漂流到畦外,降雨过后应立即把秧田中积水排走。

(4)烂秧防治措施

主要是预防低温阴雨天气,适时抢晴播种,或因地制宜,采取保温覆盖育秧方式。近年来,生产上推广温室无土育秧和薄膜育秧就是很有效的措施。此外,用土面增温剂、糠灰、绿肥等覆盖,调节秧田小气候,均有较好的增温、保温效果。看天排灌,合理水浆管理,注意调节温度,用水调温,既可以起到保温防寒作用,又能抑制病菌生长,这也是防止水稻青枯死苗的关键措施。

3.2.2　移栽期

3.2.2.1　时间

水稻移栽时间为 5 月下旬—6 月上旬。

3.2.2.2　适宜气象条件

水稻移栽的三基点温度:最低温度为日平均气温 13～15 ℃,最适温度为日平均气温 25～30 ℃,最高温度为日平均气温 35 ℃。

3.2.2.3　不利气象条件

水稻移栽后因根部受伤,吸水力弱,若缺水则不能迅速返青,会延迟分蘖。

3.2.2.4　应对管理措施

(1)掌握好适宜移栽时间,保证秧龄达到 35～40 d。

(2)水稻移栽时,稻田一般需有 30 mm 的浅水层,有利于促进水稻早分蘖。水稻返青时水层适当加深,以 40~50 mm 为宜。

3.2.3　分蘖期

3.2.3.1　时间

分蘖一般为 6 月中旬—7 月中旬。

3.2.3.2　适宜气象条件

(1)水稻分蘖的三基点温度:最低温度为日平均气温 15~16 ℃,最低水温为 16~17 ℃;最适温度为日平均气温 30~32 ℃,水温为 32~34 ℃;最高温度为日平均气温 38~40 ℃,最高水温为 40~42 ℃。

(2)水稻生长季节,只有日平均气温达到 15 ℃以上时,水稻秧苗才能普遍开始分蘖;日平均气温大于 20 ℃,水温大于 22 ℃,水稻秧苗能够顺利分蘖。

(3)水稻分蘖期一般土壤水分需达到田间持水量的 70%以上时才有利于分蘖。

(4)水稻分蘖期需要充足的光照,以利于提高光合强度,促进分蘖。

3.2.3.3　不利气象条件

(1)正值分蘖期时,当日平均气温小于 15 ℃时,水稻分蘖会处于停止生长状态。当温度升高后,水稻苗株恢复生长。如果低温时间过长,则水稻长期停滞不分蘖,最后秧苗会萎缩死亡。水温小于 17 ℃或大于 40 ℃,或气温大于 38 ℃均不利于分蘖。

(2)过早移栽水稻,容易出现老根变黑,新根不发,分蘖不生,茎叶发黄,形成僵苗的现象。

(3)水分过多或过少,都对水稻分蘖产生抑制作用。稻田灌水过深,会导致地温低、土壤氧气少、土壤还原物质增多,使分蘖受到抑制;稻田水分过少,则导致水稻植株生理机能减弱,分蘖也会受到抑制。

(4)水稻移栽后如果连续出现阴雨天气,日照不足,则会导致同化物少,不容易产生分蘖。在弱光条件下,则会导致水稻分蘖时间推迟,分蘖期缩短,分蘖数量减少。若长期阴雨或密植过度,则会导致水稻分蘖减少或停止。

3.2.3.4　应对管理措施

(1)水稻分蘖期田间管理应千方百计缩短返青时间,促使禾苗早生快发,争取较多前期低位分蘖,延长有效分蘖时间,培育足够量的健壮大蘖,形成合理的群体,为实现高产打下良好基础。

(2)在日平均气温稳定通过 15 ℃时移栽,并采取有效措施提高地温和水温,以促进分蘖发生。

(3)水稻有效分蘖期稻田应保持浅水层。适宜的水温、地温及分蘖节着光好,有利于分蘖发生;无效分蘖期适度晒田,可控制无效分蘖发生。灌深水和重晒田均能抑制分蘖。

3.2.4　孕穗(幼穗分化)期

3.2.4.1　时间

水稻孕穗时间一般为 7 月下旬—8 月上旬。

3.2.4.2　适宜气象条件

(1)水稻孕穗期的三基点温度:最低温度为日平均气温 15 ℃,最适温度为日平均气温 25～30 ℃,最高温度为日平均气温 40 ℃;稻穗发育的最适气温为 26～30 ℃,以白天气温为 35 ℃,夜间气温为 25 ℃更为适宜。稻穗发育的最低气温为 17～19 ℃,最高气温为 40～42 ℃。

(2)水稻孕穗期光合作用强,新陈代谢旺盛,而且此时外界气温高,使得水稻叶面蒸腾量增大,所以,孕穗期是水稻一生中需水量最多的时期,约占全生育期的 25％～30％。稻田应保持较深的水层(50～80 mm)才能保证水稻的正常生长发育。

(3)光照越充足,对穗分化发育越有利。

3.2.4.3　不利气象条件

(1)水稻幼穗分化期受低温伤害最敏感的时期是减数分裂期,受害指标为:日平均气温持续 3 d 以上小于 19～23 ℃(籼稻),或小于 19～20 ℃(粳稻),最低气温小于 15～17 ℃,就会造成颖花退化、不实粒增加和抽穗延迟。

(2)水稻孕穗期缺水会降低作物的光合能力,影响有机物质的合成和运输,影响枝梗和颖花的发育,从而增加颖花的退化和不孕现象。但是,若水深大于 80 mm 时,容易出现畸形穗花,并且会引起烂根和倒伏。

(3)如果在水稻枝梗和颖花分化期光照不足,则枝梗和颖花数减少;若在减数分裂期和花粉粒充实期光照不足,会引起枝梗和颖花大量退化,并使不孕颖花数增加,导致穗型变小、每穗总粒数下降。

3.2.4.4　应对管理措施

(1)水稻孕穗期田间管理的目标是促进枝梗和颖花分化,争取穗大粒多。

(2)适时适量施好孕穗肥,使水稻植株保持良好的氮素营养水平。

(3)做好灌溉管理,既要给水稻植株供应充分的生理用水,又要使土壤通透性良好,以增强根系吸收肥水的能力。

3.2.5　抽穗开花期

3.2.5.1　时间

抽穗开花期为 8 月上旬—8 月中旬。

3.2.5.2　适宜气象条件

(1)水稻抽穗速度与气温关系密切,在适宜温度范围内,气温越高,抽穗速度越快并且抽穗整齐;水稻的开花状况也与气温密切相关,气温条件适宜时开花早并且开花集中。水稻抽穗开花的三基点温度:最适温度为日平均气温 25～32 ℃(杂交稻为

$25\sim30$ ℃),最高温度为日平均气温 $40\sim45$ ℃,最低温度为日平均气温 $12\sim15$ ℃。早熟和中熟品种一般在抽穗当天即开花,晚熟品种则常常在抽穗后 $1\sim2$ d 才开花。

(2)水稻开花受精的最适宜空气相对湿度为 $70\%\sim80\%$。

(3)稻田宜保持适当浅水层,浅水层有利于提高植株间温度,降低湿度,使水稻开花速度快,授粉良好。

(4)晴暖微风的天气对开花最为有利,授粉好,结实率高。

3.2.5.3 不利气象条件

(1)水稻抽穗开花期对高温和低温天气都比较敏感。当气温大于 35 ℃(杂交水稻大于 32 ℃)时,花药的开裂将会受到影响,容易导致结实率下降。当连续 3 d 日平均气温小于 20 ℃(粳稻),或连续 $2\sim3$ d 日平均气温小于 22 ℃(籼稻)时,则会造成出穗缓慢,始穗到齐穗间经历时间长,同时穗部可能出现包颈现象,容易形成空壳和瘪谷。

(2)若水稻抽穗开花期缺水则会影响开花受精,使空秕率增多。但若日降水量超过 $5\sim10$ mm,稻田形成深水层,则对结实率也有影响。

(3)若抽穗开花期空气干燥,且气温高,则会使花粉寿命缩短,花粉活力降低,甚至干燥死亡。

(4)若此期空气相对湿度大于 90%,则会抑制水稻开花。

(5)降水天气对水稻开花、落在柱头上的花粉粒数量以及花粉萌发力均有影响。若降水量小、降水时间短、降水时段不与开花时间吻合,则影响较小,反之则影响较大。若开花时遇大雨,则花粉易被冲洗,致使授粉率降低。因此开花期多雨,尤其是盛花期多雨,也会造成水稻结实不良,空壳率增加。

(6)此期若日照少,会造成花粉发育不良,使空秕粒增加。

(7)水稻抽穗期日平均气温为 $24\sim28$ ℃时,如连续 3 d 出现降水天气,3 d 累计降水时数在 4 h 以上,降水量在 15 mm 以上,日照时数小于 15 h,空气相对湿度大于 80%,水稻稻瘟病将会严重发生。

3.2.5.4 应对管理措施

水稻抽穗开花期对水分敏感,为防止影响水稻开花受精和籽粒发育,要根据土壤和苗情,适当延长保水时间,控制好稻田水层深度,防止水温、地温过高危害水稻根系。同时注意采取有效措施预防水稻低温冷害发生。

3.2.6 灌浆期

3.2.6.1 时间

灌浆开始时间一般为 8 月上旬—下旬。

3.2.6.2 适宜气象条件

(1)水稻灌浆期的三基点温度:最低温度为日平均气温 18 ℃,最适日温度为平均气温 $22\sim23$ ℃,最高温度为日平均气温 35 ℃。灌浆期间昼夜温差越大越有利于增加粒重。

（2）水稻灌浆期间稻田仍应有一定深度的水层,有利于稻株体内水分循环,从而使养分迅速运转到穗部。

（3）光照与穗粒重呈正相关。光照充足,则有利于提高群体光合能力,促进灌浆结实。

3.2.6.3 不利气象条件

（1）日平均气温在 13～15 ℃以下时,灌浆速度相当缓慢。若昼夜温差小,则粒重轻。

（2）水稻灌浆期若遇到 35 ℃以上的高温,则会出现高温逼熟,使水稻半实率和秕率增加。

（3）乳熟期若缺水,则影响有机物向籽粒的输送;若稻田长期深灌,则导致根系活力和叶片同化能力减弱,致使稻株早衰,秕粒增多,粒重减轻。

（4）光照不足,空秕率增多。

3.2.6.4 应对管理措施

水稻抽穗后保持功能叶片具有较高的光合效率是灌浆饱满的关键,因此通过稻田的干湿度管理,加强"养根保叶"措施,防止植株早衰,以增加粒重。

3.3 春玉米

3.3.1 播种—出苗期

3.3.1.1 时间

一般为 4 月中下旬开始播种。因春季降水不均,透雨时间偏晚,同时温度不稳定,播种时间可能推迟到 5 月上旬。

3.3.1.2 生长发育特点

种子萌发需要水、气、热三个条件,一般从播种到出苗的时间间隔与温度关系密切,温度高则出苗快,温度低则出苗慢。

3.3.1.3 适宜气象条件

（1）春玉米播种适宜指标为 5～10 cm 地温稳定通过 10～12 ℃。

（2）5～10 cm 地温为 6～7 ℃时,玉米种子在土壤中即可发芽,但发芽极缓慢,并且容易感染病菌霉烂。5～10 cm 地温为 10～12 ℃时发芽正常,发芽的最适温度为 28～35 ℃。

（3）种子由播种到出苗的时间间隔与播种后的日平均气温关系密切,播种后当日平均气温为 10～12 ℃时,春玉米出苗需要 18～20 d,当日平均气温为 15～18 ℃时,出苗需要 8～10 d,当日平均气温大于 20 ℃时,5～6 d 即可出苗。

（4）播种时土壤相对湿度以 70%左右为宜,在适宜的土壤水分下,春玉米出苗快且整齐。

(5)播种时对日照没有较多要求,温度、土壤水分条件适宜,即可播种。

3.3.1.4　不利气象条件

(1)播种后若5～10 cm地温持续低于8 ℃,种子萌芽缓慢,低温持续时间越长,越不利于玉米出苗,甚至导致种子感染病菌而霉烂,只能毁种。

(2)土壤过湿或过干均不利于出苗。播种期内如果干土层厚度达5 cm以上或5～10 cm(耕作层)土壤相对湿度小于50%,均不利于种子膨胀发芽,影响出苗。若5～10 cm土壤相对湿度大于85%,或遇连阴雨,则会影响种子萌发,甚至使种子霉烂,即使种子能够发芽出苗,苗也很弱。

(3)若土壤温度低且干燥,种子易被玉米丝黑穗病病菌侵染,后期危害玉米抽雄和雌穗。

3.3.1.5　应对管理措施

(1)玉米播种期若遇干旱,且未来一段时间没有明显降水,最好采取灌溉播种,确保玉米适时播种,以免耽误农时。

(2)春季气温多起伏,最好在5～10 cm地温稳定通过10～12 ℃时再播种。若播种期过早,温度低,对出苗和苗期生长不利,避免因播种后温度持续偏低发生烂种现象。若播种期过晚,致使生育期推迟,如遇"卡脖旱"和秋季低温,容易造成减产。

(3)播种后若遇降雨,土壤发生容易板结,应及时松土,以利于出苗。

(4)播种前可进行农药拌种,防治地下害虫,以免种子被害虫咬食,造成出苗不齐。

3.3.2　苗期

3.3.2.1　时间

一般为5月下旬至6月中旬,历时30～40 d。

3.3.2.2　生长发育特点

从出苗到拔节为苗期。幼苗从芽鞘中露出第一片叶,长约3.0 cm为出苗期。玉米苗期是典型的营养生长阶段,是生根、长叶、分化茎节的重要时期,也是决定叶片数和节数的时期。生长中心从全株来说是根系,从地上部分来说则是叶片。

3.3.2.3　适宜气象条件

(1)气温在18 ℃以上时,玉米幼苗生长较快,在30～32 ℃时生长最快,但玉米幼苗最适宜的生长温度为日平均气温18～20 ℃。玉米幼苗根系生长适宜的5 cm地温为20～24 ℃。

(2)玉米苗期耐旱,不耐涝。苗期降水量达到80～100 mm时,能够满足苗期所需水分。

(3)玉米出苗后,耕作层土壤相对湿度以60%～70%为宜,可起到蹲苗的作用,促进根系的发育,培育壮苗;耕作层土壤水分不宜过高。

(4)苗期要求每天日照时数达8～12 h。

3.3.2.4　不利气象条件

(1)日平均气温小于或等于 10 ℃,幼苗生长受到抑制。播种早,温度低,种子在土中时间长,苗期根腐病和丝黑穗病容易发生。当最低气温达 2～3 ℃时,则影响幼苗正常生长,最低气温达－1 ℃时,幼苗即受伤害。

(2)土壤温度过低则会造成根系代谢缓慢,当耕作层温度为 4～5 ℃时,根系停止生长。

(3)干旱无雨,影响幼苗生长。持续干旱易造成蓟马、蚜虫等害虫大发生,进而导致矮花叶病和粗缩病的发生。

(4)出苗—七叶,当土壤水分过多甚至田间积水,土壤相对湿度在 90% 以上时,土壤中空气减少,土壤中氧气含量降低,根系容易死亡。

3.3.2.5　应对管理措施

(1)玉米苗期管理的主攻目标:促进根系发育,培育壮苗,力争苗全、苗齐、苗壮,为中后期的生长发育打好基础。鉴于这一时期玉米生长量小,吸收能力差,合成的营养物质少,根系发育与地上部生长争夺养分的矛盾突出,因而适当控制地上部生长、促进根系发育非常重要。

(2)干旱时期,要浇足浇好定根水,做好苗期田间管理。

适时定苗、间苗:掌握"去弱留强,间密存稀,定向、留匀、留壮苗"的原则,定苗一般在 5 片真叶时进行,每穴留一株壮苗,同时进行查苗、补苗、带土移苗,并浇足定根水,保证幼苗成活。如缺苗过多,可用补播种子的办法解决。

中耕除草:玉米苗期可进行 1～2 次中耕,并结合施肥,适当培土。中耕的深度要求做到苗旁浅、行中深,定苗前浅、定苗后深,同时注意对病虫害的防治。

追肥浇水:在 5～6 片叶时,第一次追施苗肥,每亩施尿素 7.5～10 kg,于畦中间开沟条施,然后盖土。苗期如缺水,应及时进行灌水,宜沟灌。

(3)在雨天、土壤潮湿、积水的情况下,要注意开沟排积水,改善土壤通气条件,避免出现渍涝。

(4)干旱少雨的天气注意防治玉米红蜘蛛。

(5)病虫害防治:苗期根腐病和丝黑穗病首选种子包衣防治方法;粗缩病采用调整播期的方法,播种期选在 4 月 30 日前;地下害虫采用种子包衣、药剂随水浇灌或者灌根、撒施毒饵等方法防治;刺吸性害虫采用化学药剂喷雾防治。

3.3.3　拔节孕穗期

3.3.3.1　时间

一般为 6 月下旬—7 月中旬,历时 25～30 d。

3.3.3.2　生长发育特点

拔节期开始的标志是玉米基部节间由扁平变圆,近地面用手可摸到圆而硬的茎节,节间长度约为 3.0 cm。此时雄穗开始分化,雄穗生长进入伸长期,植株开始旺盛生长。

拔节期玉米植株从形态上经历小喇叭口期和大喇叭口期。小喇叭口期植株进入雌穗伸长期,雄穗进入小花分化期;大喇叭口期玉米植株外形大致是棒三叶(即果穗叶及其上、下两片叶)大部伸出,但未全部展开,心叶丛生,形似大喇叭口。该生育时期的主要标志是雄穗分化进入四分体期,雌穗正处于小花分化期,距抽雄穗一般 10 d左右。

拔节期是玉米营养生长和生殖生长并进时期,其生育特点是生长中心由根系转向茎叶,雄穗、雌穗已先后开始分化,植株进入快速生长期。这个阶段根、茎、叶的生长与穗分化之间争夺养分、水分的矛盾突出,是决定穗数、每穗小花数的关键时期,因此主攻目标是促叶、壮秆,争取穗大、粒多,拔节期也是追肥灌水的关键时期。

3.3.3.3 适宜气象条件

(1)当日平均气温达到 18 ℃以上时,春玉米开始拔节。拔节、孕穗最适宜温度为日平均气温 24～26 ℃,日平均气温 25～27 ℃是茎叶生长的适宜温度。

(2)拔节孕穗期为春玉米需水关键期,要求水分充足,无"卡脖旱",土壤相对湿度在 70%～80% 为宜。

(3)没有连阴雨、冰雹大风等灾害性天气。

3.3.3.4 不利气象条件

(1)当日平均气温低于 24 ℃时,春玉米生长速度缓慢;当日平均气温低于 20 ℃时,将延迟抽穗。

(2)抽雄前 10 d 至抽雄后 20 d 期间,持续半个月没有降水可造成玉米的"卡脖旱",导致玉米幼穗发育不好,果穗小,籽粒少。

(3)日平均气温在 16～30 ℃、空气相对湿度大于 60% 时,对玉米螟等害虫的发生发展有利;春夏季节雨多湿度大,对越冬幼虫化蛹、羽化、产卵、大发生流行有利。

(4)拔节孕穗期若出现超过 10 d 的连阴雨天气,玉米光合作用减弱,植株瘦弱,常出现空秆;持续降雨或者连阴天容易导致纹枯病、顶腐病和细菌性茎腐病的发生。

(5)大风和冰雹可使玉米受机械损伤,折断茎秆,叶片撕裂,影响营养物质的运输、光合作用的正常进行。

3.3.3.5 应对管理措施

此时期玉米植株需要吸收大量养分,所以水、肥齐攻是这一时期管理的重点。在措施上要巧施、重施攻秆与攻穗肥,灌好攻穗水,防止"卡脖旱"。

(1)施肥:在 8～9 片叶时,进行第二次追肥,即施攻秆肥,这次肥量占总施肥量的 25% 左右,每亩施复合肥 10 kg 加氯化钾 7.5 kg,施肥方式为条施。在 14～15 片叶时,进行第三次施肥,即施攻穗肥,这次肥量占总施肥量的 35% 左右,每亩施复合肥 20 kg 加氯化钾 10 kg,结合大培土施用。在 9 片叶和 15 片叶时分别进行一次根外追肥,每亩用 50 g 稀土或 800～1000 倍磷酸二氢钾喷施。

(2)水分:植株生长旺盛,需水量大,尤其抽雄前后是玉米需水的临界期,此时期,应保持土壤相对湿度在70%～80%。若出现干旱,及时灌溉补充水分。雨水偏多时期,应注意开沟排水,防御内涝。

(3)虫害:喇叭口至抽穗期是玉米螟虫害的危害期,为防治玉米螟,不管是否发生,都要喷施500～800倍美曲膦酯或杀虫双+Bt粉混合喷施。纹枯病采用化学药剂对根茎部叶鞘喷雾防治;顶腐病和细菌性病害采用心叶喷雾防治;虫害的防治选择杀虫剂喷雾或采用颗粒剂施入喇叭口内防治;有条件的地方可在成虫发生期利用性诱剂、杀虫灯、糖醋液诱杀成虫;可在玉米螟、棉铃虫卵高峰期人工释放赤眼蜂杀卵。

(4)中耕培土:开沟培土可以翻压杂草、提高地温、增厚玉米根部土层,有利于根系生成和伸展,防止玉米倒伏,也有利于灌水、排水。

3.3.4　抽雄—开花期

3.3.4.1　时间

一般为7月下旬,历时5～7 d。

3.3.4.2　生长发育特点

抽雄开花期玉米基部节间长度基本固定,雄穗分化已经完成,雄穗主轴露出顶叶3～5 cm;雄穗主轴小穗花开花,雌穗分化基本完成。玉米抽雄开花时,根、茎、叶生长基本结束,植株进入以开花授粉、受精结实和籽粒建成为主的生殖生长阶段。

3.3.4.3　适宜气象条件

(1)适宜温度为日平均气温25～28 ℃,下限温度为日平均气温19～21 ℃。

(2)晴朗微风,风力小于或等于3级。

(3)空气相对湿度大于65%。

(4)适宜的土壤相对湿度为75%～80%。

(5)无高温干旱。

(6)开花时节没有大雨。

3.3.4.4　不利气象条件

(1)温度:日平均气温低于18 ℃,花粉失去生命力,影响授粉;日最高气温低于18 ℃或高于38 ℃,花粉不能开裂散粉;当日平均气温高于30 ℃、空气相对湿度小于60%时,开花甚少;当日平均气温高于32 ℃,空气相对湿度小于50%时,花粉即丧失生活力,成为死粉,造成空穗或秃顶。

(2)水分:空气相对湿度小于50%,或土壤相对湿度小于60%,容易造成花丝枯萎。开花期遇持续降水,不利于授粉。

(3)遇大风天气,花粉散花不均,易引起秃尖和空粒,且植株容易受机械损伤折断。风力大于或等于5级,易引起柱头干枯。

3.3.4.5　应对管理措施

(1)玉米抽雄开花期植株生理活动旺盛,干物质积累最多、最快,需要消耗大量的水分、养分。若遇有持续高温干旱天气,要及时进行灌溉,在增加土壤湿度的同时,可增加局地小环境的空气湿度,创造比较适宜的生长环境。

(2)遇暴雨或连续性降水,要修好排水沟,及时排水,以防形成渍涝。

(3)出现大风天气,玉米若有倒伏,雨后要及时将其扶直,以减少损失。

(4)田间病害以小斑病、弯孢叶斑病、瘤黑粉病等为主,也是疯顶病、丝黑穗病的显症期;害虫以玉米螟和棉铃虫为主,此期是这两种害虫的产卵盛期。可采用人工释放赤眼蜂来防治玉米螟和棉铃虫,在叶斑病发病初期喷撒化学药剂防治。

3.3.5　灌浆—成熟期

3.3.5.1　时间

一般为8月上旬—9月下旬。

3.3.5.2　生长发育特点

玉米完全进入生殖生长阶段,茎、叶等营养器官的体积已达最大值,并停止生长,茎、叶及其他营养器官内的营养物质不断向果穗输送,籽粒的体积和重量逐渐增加。

3.3.5.3　适宜气象条件

(1)日平均气温22～24 ℃为最佳温度,有较高的气温日较差。

(2)土壤相对湿度以60%～80%为宜。

(3)没有连阴雨、冰雹、大风等灾害性天气。

3.3.5.4　不利气象条件

(1)日平均气温高于28 ℃,且干旱天气持续时间长,易造成高温逼熟,籽粒灌浆不足;日平均气温低于20 ℃,籽粒灌浆速度缓慢;日平均气温低于18 ℃时,灌浆速度显著减慢;日平均气温低至16 ℃时,灌浆速度急剧下降,日平均气温低于16 ℃时,灌浆停止,延迟成熟。

(2)连阴雨:连续阴雨持续10 d以上,影响玉米籽粒的品质,且不利于收获和晾晒。

(3)灌浆至乳熟后期若出现大雨天气,使土壤含水量过高,易发青枯病。

(4)前期的高温高湿易导致小斑病、弯孢叶斑病发生,当温度降低到25 ℃以下时,大斑病、灰斑病容易发生;乳熟后期若大雨后骤晴,田间容易发生茎腐病。

3.3.5.5　应对管理措施

此期主要管理目标是抓好后期管理,最大限度地保持绿叶面积,增强叶片的光合作用强度,尽量延长灌浆时间,这是实现高产的关键。而脱肥、倒折、伤叶、旱涝灾害、过早收获以及病虫危害等是削弱光合作用的因素,都会影响籽粒灌浆,造成减产。因此,在管理措施上,应紧紧围绕防止茎叶早衰、促进灌浆、增加粒重这个中心,补施粒肥,增灌粒水,防止旱、涝、病、虫等危害。

(1)保持田间湿润。灌水既要满足玉米灌浆需要,又要谨防过量。后期不应停水过早,只要植株青绿,就应保持田间湿润。

（2）巧施花粒肥。花粒肥能够防止玉米脱肥早衰,保持叶片功能旺盛。根据玉米生长情况,如后期脱肥,可采用人工补施速效氮肥,以每亩施 5～10 kg 为宜;采用滴灌和自压软管灌溉的地块可随水追施喷滴灌专用肥。

（3）防止后期早衰。玉米后期早衰与品种、气候、栽培管理、病虫害等密切相关。可通过合理运用水肥、防治病虫害等措施,尽力防止早衰,延长玉米后期叶片功能期,达到高产、稳产的目的。

（4）防止倒伏。中后期倒伏对产量影响较大。防止倒伏主要有采用抗倒伏品种、合理密植、优化水肥管理、开沟培土等措施。

（5）遇有大雨天气,及时排水,控制土壤湿度,防止病害发生。

（6）适时晚收。玉米的成熟期可分为乳熟期、蜡熟期和完熟期三个时期。完熟期籽粒达到生理、体积最大,此时适时收获,可以获得最高的经济产量。

（7）病虫害防治。该阶段在现有的技术条件下,各种化学技术措施虽有明显效果,但田间操作困难,对已发生的田块无有效防治措施,只能提前预防。

3.3.6　春玉米生育期内长势不良的各种现象

3.3.6.1　僵种烂芽现象

（1）原因

①播种过早。在日平均气温和 5～10 cm 地温均未稳定通过 10 ℃时就播种,种子迟迟不能发芽出苗,即使出苗也容易受冻。②播种过深。播种深度达 14 cm 以上,种子不发芽,即使发芽也顶不出土。③土壤含水量过大,空气不足,特别是播种后就出现大雨天气。④使用种肥不当。

（2）防止措施

①整平地面,开好沟,保证土壤中有足够的水分、空气。②适时播种。③播前晒种,不用化肥拌种,施种肥注意与种子隔离。④雨后土壤板结,应及时松土破壳。⑤播种不过深、不过浅,一般 5～7 cm 为宜。

3.3.6.2　田间缺苗断垄现象

玉米在播种后,常因土壤墒情不足、雨后土壤板结、种子本身素质太差等原因造成缺苗断行,玉米发生缺苗断行应根据不同情况采取不同的应变措施。一是由土壤墒情不足而引起缺苗断行的,应浇灌跑马水,增墒保湿;二是雨后土壤板结引起缺苗断行的应在土壤稍干后立即进行中耕松土,增加土壤透气性,以利出苗;三是因未出土种子就发生烂芽、霉烂等失去活力的,应该移栽补种;四是对缺苗在 30% 以下的,应选择比一般苗多 1～2 片叶的壮苗,带土移栽并浇稀释水肥,以利于成活并赶上早苗,移苗补栽的苗龄 3～5 叶期均可,但愈早移栽愈易成活;五是缺苗在 30%～70% 的,应抓紧催芽补种;缺苗 80% 以上的应毁苗重种。

3.3.6.3　红苗和白苗现象

玉米苗变红,主要是因为植株体内缺少磷素,影响了营养物质的转化,使叶片累积了大量的糖分,叶绿素减少,花青素增多。缺少磷素的原因主要是土壤中有碱,或幼苗遇到低温、水涝,根系吸收能力减弱。发现玉米苗变红,应立即查明原因,及时采取措施,如追施磷肥,并配合开沟排水、中耕松土,提高地温,防止返碱。

玉米白苗,是因为植株体内没有叶绿素,叫缺绿病,是一种遗传病。白苗由于不能制造养料,待种子内养分消耗完毕后就死亡,所以在间苗时应将白苗拔除。

3.3.6.4　玉米"窜苗"现象

玉米在苗期和拔节期,生长旺而不壮的现象称为"窜苗"。造成"窜苗"的主要原因是遮光。例如播种过密,或播种不匀,又不及时间苗、定苗,造成植株拥挤,影响通风透光,如果再遇到长期阴雨和施肥不当,就会使植株节间细长,组织柔嫩多汁,这样的植株就很容易倒折。同时,"窜苗"以后还会影响幼穗分化,使果穗变小,空秆增多,产量降低。

防止"窜苗"的根本措施是合理密植,均匀播种,及时间苗、定苗,减少株间荫蔽,增加中耕松土,促进根系发育,使植株生长健壮。

3.3.6.5　玉米植株出现空秆现象

玉米空秆,是指植株不能产生有效果穗的现象。空秆的原因很多,除少数植株是由于腋芽不能分化成雌穗外,大多数是由于水、肥供应不足,或通风透光不良,造成植株体内营养物质缺乏,使幼穗不能分化或中途停止分化。病虫害也能造成空秆,因为病虫能向植株吸取养料,或直接破坏雌穗。开花后未能传粉受精,也是形成空秆的原因之一。

防止空秆的措施,主要是因地制宜地选用品种,实行合理密植,做好水、肥管理,加强病虫害防治,以及进行人工辅助授粉等。

3.3.6.6　玉米果穗发生秃顶、缺粒现象

秃顶是果穗顶端未结籽粒,缺粒是果穗的籽粒行中有少数籽粒没有长成,也叫"稀粒"。秃顶和缺粒主要是由于花丝没有授到花粉。未能授粉的原因有以下几种:①开花时遇到高温干旱,使抽丝时间延迟,当雌穗抽丝时,雄花大量散粉的时期已过,特别是果穗顶部的花丝抽出较迟,更不容易授粉。高温干旱也使花粉寿命缩短。②开花期间遇到连日阴雨,花粉遇水结团或吸水胀破,减少了花丝授粉的机会。③在种植过稀或面积过小时,由于花粉数量少,往往授粉不足。④品种混杂,有的品种雄穗分枝少,花粉也就少,或不同品种间雌雄开花间隔时间过长,花丝得不到花粉受精,因而秃顶较多。此外,栽培措施不当,植株营养不足或受旱,果穗顶部雌花受精后未能发育,也会造成秃顶。

防止秃顶的主要措施:①进行人工辅助授粉。②抽雄开花时,若遇干旱,要及时进行灌溉。③追施抽雄肥或料肥。

3.3.6.7　玉米倒伏现象

风害是玉米倒伏的主要外因。在降雨和灌水之后,如遇强风,很容易造成玉米大

面积倒伏或茎折。倒伏后的玉米茎叶重叠,影响了叶片对光能的吸收和利用,而茎折的玉米,茎秆内养分和水分的运输功能受到破坏,影响了器官发育。倒伏不但降低产量,而且影响田间管理和机械化收获。

防止和减轻玉米倒伏的措施一般有以下几种:①选用植株较矮、基秆韧性强、叶片上冲抗倒品种。这种品种敦实粗壮,承风面小,抗倒伏能力强。②合理密植,适时蹲苗,控制肥水,改善通风透光条件,使玉米茎秆发育健壮。③对高产玉米田和缺钾田,每亩施用 7~10 kg 钾肥,可以增强抗倒伏能力。④顺风向成行种植,这种方法简便易行,对风害有一定的减缓作用。

3.3.6.8 玉米后期早衰现象

玉米从拔节到抽雄开花期,为营养生长和生殖生长并进期,此时玉米茎叶和雌穗吸收养分的绝对量和累积速度达到高峰,根系需要从土壤中吸收大量养分,以保证穗大粒多的需要。从授粉到成熟期的籽粒形成期,根系在授粉后仍需从土壤中缓缓地吸收养分,以满足籽粒灌浆的需要。如果穗肥用量不足,或者土壤保肥能力不强,流失过大,土壤供肥不足,玉米后期必然发生早衰,影响后期籽粒灌浆,导致粒重下降而减产。另外,即使施用了穗肥,但因高产需肥较多,到后期仍然可能出现脱力早衰。出现早衰后,叶色褪淡,后期叶片功能下降,影响籽粒灌浆,致使粒重下降。防早衰措施一是增施粒肥,二是进行根外喷肥。

3.4 夏玉米

3.4.1 播种—出苗期

3.4.1.1 时间

河北省夏玉米一般在 6 中下旬播种,播种到出苗一般 5~6 d。

3.4.1.2 适宜气象条件

夏玉米播种时温度条件均能保证,水分条件则是制约玉米全苗的主要因素。土壤相对湿度为 70%~85% 时,有利于玉米种子发芽、出苗。

3.4.1.3 不利气象条件

(1)麦收后常出现初夏干旱,会造成夏玉米晚播或出苗不好,从而导致减产。

(2)麦收后遇持续阴雨天气。

3.4.1.4 应对管理措施

(1)选用良种。选择适合本地气候条件且抗逆性较强的高产品种,杜绝品种混杂和隔代种,采用种子包衣等技术。

(2)深耕改土、精细整地、施足底肥、浇足底墒水等,播种时土壤相对湿度 70% 左右为宜。如果播前来不及浇灌的,播后可浇蒙头水。也可以在麦收前浇足"麦黄水",为抢播玉米备足底墒。

（3）合理密植，种植行距以 60 cm 左右为宜，也可采用宽行 70～80 cm、窄行 40～50 cm 的宽窄行相间种植。

（4）部分地区麦收后不整地，待玉米出苗后进行中耕灭茬，可以减少土壤水分的蒸发，也可以争取 3 d 以上的农时。

（5）春末夏初时有干旱发生，各地应抢墒抢时播种，如果错过播期，玉米种子应换为早熟品种或改种其他作物，以免影响秋季冬小麦的及时播种。

3.4.2 苗期

3.4.2.1 时间

玉米从出苗到拔节前期为苗期，一般在 6 月下旬—7 月上中旬。出苗 4 d 左右进入三叶期，三叶期到七叶期大约 14 d，七叶期到拔节期大约 14 d。

3.4.2.2 适宜气象条件

（1）苗期最适宜的温度为日平均气温 18～20 ℃，茎叶生长的适宜温度是日平均气温 21～26 ℃，根系生长的适宜土壤温度为 5 cm 地温 20～25 ℃。

（2）适宜的土壤相对湿度为 60%～70%，蹲苗时为 55%～60%。

3.4.2.3 不利气象条件

（1）日最高气温高于 40 ℃时，茎叶生长受抑制。

（2）土壤相对湿度小于 60%，或土壤相对湿度大于 90% 时，均不利于夏玉米幼苗生长。

3.4.2.4 应对管理措施

夏玉米苗期田间管理主要是保证苗全、苗齐、苗壮，适当控制地上茎叶生长，积极促进根系生长，即所谓促下控上。植株壮苗标准是根多、苗壮、茎扁（即叶鞘发达）、叶宽、叶色常绿、植株敦实、壮而不旺。

（1）夏玉米出苗后应立即逐块地逐垄检查，尤其是地下害虫严重的地块和套种玉米地更应做好移栽补苗工作。

（2）早间苗、早定苗、匀留苗。间苗时间：套种玉米一般在 3～4 叶时，夏玉米一般在 2～3 叶时进行。

（3）早追肥、促壮苗、偏施肥、争齐苗，培育壮苗。

（4）巧锄地、勤中耕是促下控上增根壮苗的主要措施。天旱时锄地还可以起到抗旱保墒的作用，雨后锄地又可促进水分蒸发散墒除涝，还可消灭草荒。

（5）蹲苗促壮。在地力较肥、底墒足、底肥和种肥足，以及比较密植的基础上，控制苗期浇水，采取多次中耕，促使根系向下深扎，增强抗旱能力，同时控制玉米地上部的生长，使茎秆粗壮敦实，抗倒伏。蹲苗时"蹲黑不蹲黄，蹲肥不蹲瘦，蹲湿不蹲干"。蹲苗一结束马上肥水齐攻，促进植株地上部分生长，最后达到穗大粒多。

3.4.3 拔节孕穗期

3.4.3.1 时间

夏玉米拔节孕穗期一般在 7 月中下旬—8 月上旬,拔节到孕穗大约 9 d,孕穗到抽雄约 4 d。

3.4.3.2 适宜气象条件

(1)当日平均气温高于 18 ℃时,植株开始拔节。最适宜的温度为日平均气温 24～26 ℃。

(2)适宜的土壤相对湿度为 70%～80%。

(3)每天日照时数为 7～10 h。

(4)拔节后,候降水量大于 30 mm,候平均气温为 25～27 ℃最适宜植株生长。

3.4.3.3 不利气象条件

(1)当日平均气温高于 32 ℃或低于 24 ℃时,植株生长速度减慢。

(2)当土壤含水量小于 15%时,易造成雌穗部分不孕或空秆。

3.4.3.4 应对管理措施

夏玉米拔节孕穗期主攻目标是争取秆壮、穗大、粒多。秆壮标准:植株敦实粗壮,基部节间短粗,叶片宽厚,叶色浓绿,叶挺直,根系发达,玉米植株全叶 7～8 片,根系 4～5 层,根量多,叶面积系数从 2.5～3.0 到 4.0～5.0。采取的管理措施:适时追肥、浇水,促进秆壮、穗大。

(1)此期若缺肥,植株叶色黄绿,叶片萎蔫,下部叶片枯黄,叶数少,生长慢,次生根少,所以应早追肥,促进早发。

(2)此期若缺水,玉米苗矮小,茎叶淡绿,叶数少,叶片狭长,萎蔫下垂,心叶发黄,根少,生长迟缓,所以应早施肥浇水,促进苗壮成长。

(3)若植株过密,则苗子细高,茎秆细,节间长,叶片窄,颜色淡,所以应适当适量追肥,控制茎叶徒长,促秆壮、穗大。

(4)若此期受涝害,则应排涝通气,追肥,促根长叶。

3.4.4 抽雄—开花期

3.4.4.1 时间

夏玉米抽雄时间一般为 8 月上中旬,历时 5～7 d。抽雄 3 d 后即散粉进入开花期,开花 2 d 后开始吐丝。

3.4.4.2 适宜气象条件

(1)最适宜的温度为日平均气温 25～26 ℃。

(2)适宜的土壤相对湿度为 70%～80%。

(3)适宜的空气相对湿度为 70%～90%。

(4)8～12 h 的光照条件有利于提早抽雄开花。

3.4.4.3 不利气象条件

(1)日最高气温高于 38 ℃或低于 18 ℃时,花粉不能开裂散粉。

(2)日平均气温高于 32～35 ℃,空气相对湿度小于 50%的高温干燥条件下,雄穗不能抽出,或花粉迅速干瘪而丧失生命力,造成空穗或秃顶。

(3)空气相对湿度小于 30%或大于 95%时,花粉就会丧失活力,甚至停止开花。

3.4.4.4 应对管理措施

(1)抽雄开花期壮株标准:叶挺秆壮,叶肥厚、色浓绿,叶绿素含量高,光合能力强,花期协调,受精良好,结实率高。

(2)若缺肥水,则叶片发黄,幼穗发育不良,小花不孕,穗少,粒少,粒小,所以应早施粒肥,浇足抽雄扬花水。

(3)种植密度过密,植株茎秆细弱,下部节间长,结穗位高,叶片窄瘦,叶色淡,幼穗发育不良,授粉不好,穗小粒少,所以应增施攻籽肥,及时浇水,还应注意间隔取雄和辅助授粉,严禁削顶和打叶。

3.4.5 灌浆成熟期

3.4.5.1 时间

一般为 8 月中下旬—9 月下旬,历时 50 d 左右。

3.4.5.2 适宜气象条件

(1)最适宜的温度为日平均气温 22～24 ℃。

(2)适宜的土壤相对湿度为 70%～80%。

(3)最适宜的光照条件是每日 7～10 h。

3.4.5.3 不利气象条件

(1)16 ℃是停止灌浆的界限温度。日平均气温高于 25 ℃,则玉米呼吸消耗增强,功能叶片老化加快,导致籽粒灌浆不足。

(2)最低气温达到 3 ℃时,即完全停止生长发育,影响玉米的成熟和产量。

3.4.5.4 应对管理措施

(1)灌浆成熟期壮株标准:植株生长健壮,成熟前叶绿、苞黄、穗大、粒重,果穗授粉良好,结实满尖,营养充足,籽粒饱满。主攻目标是防止茎叶早衰,保持秆青、叶绿,增强叶片光合作用强度,促进灌浆,争取粒多、粒重。

(2)若种植密度过大,灌浆期植株叶片则会自下而上枯黄,植株早衰,所以应施肥浇水促灌浆,增加粒重。

(3)灌浆期缺肥和水分过多的植株,应立即追肥、排水和松土。

3.4.6 夏玉米生育期内常见的农业气象灾害

3.4.6.1 初夏干旱

6 月中下旬,是夏玉米的播种高峰期,此期若出现干旱,会造成夏玉米晚播或出苗不齐,从而导致减产。

3.4.6.2　玉米苗期连阴雨

从出苗到三叶期,玉米生长所需的养分就不再靠种子提供,而是从自身光合作用形成的有机物质中获取。这一时期充足的阳光有利于培育壮苗,若遇连阴雨天气5 d以上,玉米苗则会因养分供给不足而弱黄或死亡。

3.4.6.3　卡脖旱

7月下旬到8月中旬是夏玉米孕穗、抽雄、开花吐丝的时期,也是夏玉米一生中需水最多的时期,此期若出现干旱(俗称卡脖旱),会影响玉米抽雄吐丝,从而形成大量缺粒与秃顶,并使灌浆过程严重受阻,产量明显降低。

3.4.6.4　玉米拔节到抽雄期连阴雨

玉米拔节到抽雄期是玉米从营养生长过渡到生殖生长的阶段,这一阶段是玉米秆长高、长壮、长粗、吸收养分的关键时期。充足的阳光对玉米多成粒、成大穗十分重要。若此期出现10 d以上的连阴雨天气,玉米光合作用减弱,玉米秆呈"豆芽形",植株瘦弱,常会出现空秆。

3.4.6.5　开花期阴雨

7月下旬到8月中旬正值玉米抽雄开花期时,若雨量过多,就会影响夏玉米的正常开花授粉,造成大量缺粒和秃尖。另外,夏玉米生长在天气多变的季节,在玉米生长中还可能遇到冰雹、洪涝、风灾、高温热害等气象灾害。

3.5　马铃薯

3.5.1　播种期

3.5.1.1　时间

春季马铃薯播种时间一般为4月中旬—5月上旬。

3.5.1.2　适宜气象条件

(1)马铃薯块茎在10 cm地温达4 ℃时就能萌动,7~8 ℃时幼芽开始生长,10~12 ℃时幼芽生长迅速而健壮;18 ℃时发育最为良好。

(2)土壤相对湿度以40%~50%为宜。

3.5.1.3　不利气象条件

10 cm地温低于4 ℃不发芽,温度过高也不发芽,还容易造成种薯腐烂。

3.5.1.4　应对管理措施

适期播种,避免盲目早播,播种过早的马铃薯出苗后常会遇到晚霜冻而受到影响。一般以当地晚霜冻出现前30 d左右播种为宜,早熟品种早播(日平均气温稳定在5~7 ℃时),晚熟品种晚播(日平均气温稳定在7~8 ℃时),土壤相对湿度低于40%时,应坐水播种。

3.5.2 出苗期

3.5.2.1 时间

苗期时间一般为 5 月中旬—6 月上旬。

3.5.2.2 适宜气象条件

(1)10 cm 地温在 21 ℃左右为宜。

(2)土壤相对湿度以 60%～80%为宜。

(3)日照时数以 12 h 左右为宜,幼苗期需适宜的光照强度和适当的高温。

3.5.2.3 不利气象条件

(1)日平均气温高于 24 ℃时,严重影响发育。日平均气温低于 7 ℃时,茎叶停止生长。

(2)马铃薯幼苗期间不耐霜冻,气温降至−0.8 ℃时,幼苗即受冷害,在−1～−2 ℃时会使茎叶死亡,但在气温回升后还能从节部发出新的茎叶,继续生长,−3 ℃时茎叶全部枯死。在 42 ℃的高温下,茎叶停止生长。

(3)土壤水分过多,会引起茎叶徒长,延迟结薯。

(4)短日照使植株矮小,但若日照时间太长,超过 15 h,则发生茎叶徒长。

3.5.2.4 应对管理措施

出苗前遇干旱,需喷灌出苗水,以保证全苗,此时喷灌需掌握好时间和喷水量,早春温度低,喷灌水凉反而影响出苗。出苗达 80%以上时进行第一次除草,苗全后 10～15 d 进行中耕培土。

3.5.3 分枝期

3.5.3.1 时间

时间一般为 5 月下旬—6 月中旬。

3.5.3.2 适宜气象条件

(1)最适宜的土壤温度为 16～18 ℃。

(2)随着植株的生长,对水分的需求也逐渐增加,在块茎尚未形成前,有足够的水分,能增加每株块茎的个数。块茎旺盛生长期(盛花期)对水分需求最多。土壤相对湿度应维持在 70%～80%。

(3)块茎形成期需长日照、强光和适当高温。

3.5.3.3 不利气象条件

(1)土壤温度达到 25 ℃时,块茎生长缓慢,达到 30 ℃时,块茎停止生长。

(2)土壤水分供应不连续,土壤时而过干时而过湿。

(3)马铃薯早疫病分生孢子萌发适宜温度为 26～28 ℃,当叶片上有结露或水滴,温度适宜,分生孢子经 35～45 min 即萌发,从叶面气孔或穿透表皮侵入,潜育期 2～3 d。瘠薄地块及肥力不足田地发病重。

3.5.3.4 管理措施

(1)控制土壤湿度:马铃薯整个发育期都要保持土壤湿润状态,当土壤相对湿度低于适宜湿度的 5%或中午叶片开始表现萎蔫症状时就应立即进行喷灌,每次灌水量以达到适宜土壤相对湿度指标或地表干土层湿透与下部湿土层相接即可。

(2)防治早疫病:早疫病在植株成熟时流行,高温对早疫病菌传染有利,需适时增施有机肥,提高植株的抗病力。

3.5.4 花序形成期

3.5.4.1 时间

一般为 6 月中旬—6 月末。

3.5.4.2 适宜气象条件

(1)短日照、强光、适当低温和较大的昼夜温差。

(2)喜干燥气候,怕潮湿天气,空气相对湿度以 70%~80%较理想。

(3)喜湿润土壤,怕干、怕渍,发棵期后期要适当控制供水,土壤相对湿度应由 80%降到 60%。

3.5.4.3 不利气象条件

(1)当叶上有结露或水滴,气温为 26~28 ℃时,易发生马铃薯早疫病。

(2)空气相对湿度在 95%以上、气温为 18~22 ℃条件下,有利于马铃薯晚疫病孢子囊的形成;冷凉(10~13 ℃,保持 1~2 h)又有水滴存在,有利于孢子囊萌发产生游动孢子;温暖(24~25 ℃,持续 5~8 h)又有水滴存在,利于孢子囊直接产出芽管。因此多雨年份,空气潮湿或温暖多雾条件下发病重。

3.5.4.4 应对管理措施

(1)控制土壤湿度:马铃薯整个发育期都应保持土壤湿润,特别是薯块开始形成以后更应连续保持土壤湿润,一旦水分供应间断,则会造成薯块停止增长,甚至造成畸形薯,使产量严重减少和品质降低。如果进行喷灌,当土壤相对湿度低于适宜湿度 5%或中午叶片表现萎蔫症状时,就应立即进行,每次灌水量以达适宜土壤相对湿度指标或使地表干土层湿透与下部湿土层相接即可。

(2)防治早疫病:增施有机肥,提高植株的抗病力。

(3)防治晚疫病:花序形成期晚疫病易发生,如气象条件适宜,病菌会很快蔓延,马铃薯晚疫病须以预防为主,加强中耕管理,及时喷药预防,7~10 d 喷药一次,发病重、雨日多、降水多时应增加喷药次数。田间发现病株应及时拔除并带至田外掩埋。

3.5.5 开花期

3.5.5.1 时间

一般为 6 月下旬—7 月上旬。

3.5.5.2 适宜气象条件

(1)开花的最适温度为 15~17 ℃。马铃薯块茎生长发育的最适温度为 17~

19 ℃,块茎增长及淀粉积累期需要短日照、强光、适当低温和较大的昼夜温差。

(2)结薯期土壤相对湿度应提高到 60%～80%,收获前以 65%～75% 为宜。

3.5.5.3 不利气象条件

(1)气温低于 5 ℃ 或高于 38 ℃ 则不开花。开花期遇 -0.5 ℃ 的低温则花朵受害,气温为 -1 ℃ 时,可使花朵致死。气温低于 2 ℃ 或高于 29 ℃ 时,块茎停止生长。

(2)如水分不足,不仅影响养分的制造和运转,而且会造成茎叶萎蔫,土壤干燥时,块茎停止生长。所以,经常保持土壤有足够的水分是马铃薯高产的重要条件。土壤相对湿度超过 80% 对植株生长也会产生不良的影响,尤其是后期土壤水分过多或积水超过 24 h,块茎易腐烂。积水超过 30 h 块茎大量腐烂,超过 42 h 后将全部烂掉。因此,在低洼地种植马铃薯要注意排水和实行高垄栽培。

(3)当叶片上有结露或水滴,气温为 26～28 ℃ 时,容易发生马铃薯早疫病。

(4)易发生马铃薯晚疫病的指标同 3.5.4.3(2)。若种植感病品种,当植株又处于开花阶段时,只要出现白天气温在 22 ℃ 左右,空气相对湿度高于 95% 持续 8 h 以上,夜间气温为 10～13 ℃,叶片上有水滴持续 11～14 h 的高湿条件,晚疫病即可发生,发病后 10～14 d 病害蔓延全田或引起大流行。

3.5.5.4 管理措施(与 3.5.4.4 相同)

(1)控制土壤湿度:马铃薯整个发育期都要保持土壤湿润状态,特别是薯块开始形成以后更要连续保持土壤湿润,一旦水分供应间断,会造成薯块停止生长,甚至造成畸形薯,造成严重减产和品质降低。喷灌时以土壤相对湿度低于适宜湿度的 5% 或中午叶片开始表现萎蔫症状时就应立即进行喷灌,每次灌水量以达适宜土壤相对湿度指标或地表干土层湿透与下部湿土层相接即可。

(2)防治早疫病:早疫病在植株成熟时流行,高温对早疫病菌传染有利,需适时增施有机肥,提高植株的抗病力。

(3)防治晚疫病:开花期晚疫病容易加重,注意及时喷药预防,每 7～10 d 喷药一次,雨日多、降水多时应增加喷药次数。田间发现病株应及时拔除并带至田外掩埋。

3.5.6 可收期

3.5.6.1 时间

一般为 8 月下旬—9 月上旬。

3.5.6.2 适宜气象条件

土壤相对湿度在 60% 以下,空气干燥。

3.5.6.3 不利气象条件

连阴雨天气,土壤湿度过大。

3.5.6.4 管理措施

为了促进收获时薯皮老化,不易蹭皮,收获前(黏土地 7 d、沙土地 5 d)田间应停止浇水,叶面上可适量喷洒磷酸二氢钾 1000 倍液。

选择晴天收获作业,严防薯块在收获时造成机械损伤和收后淋雨、受冻。收获后的薯块应晾干、散热一段时间,减少夹带泥土和残株。土壤上冻前结束收获。

切记不可将收获的马铃薯长期放置在有日光或有散射光的环境下,容易造成薯皮变绿,影响品质。

3.5.7　马铃薯的储藏

(1)收获后的后熟阶段,要求温度 $10\sim15$ ℃,空气相对湿度 95%,处理 $10\sim15$ d 左右,以恢复收获时被破坏了的保护结构。

(2)一定要适当通风透气。

(3)马铃薯能忍受较低的温度,但在不同的贮藏温度下薯块内部会产生不同的变化。$0\sim3$ ℃时薯块中的许多淀粉会变成糖;若在 10 ℃以上的环境下处理一段时间,即可使薯块中的糖转变为淀粉。经过低温贮藏的薯块容易发芽,发芽率高而整齐,特别适合作种薯用。

(4)温度控制在 $0\sim2$ ℃,空气相对湿度 85%~90%,可以控制发芽。

(5)低温贮藏要避免低于 0 ℃。

3.5.8　马铃薯病害

3.5.8.1　马铃薯晚疫病

马铃薯晚疫病:由致病疫霉引起,是导致马铃薯茎叶死亡和块茎腐烂的一种毁灭性真菌病害。

(1)危害症状

叶片染病先在叶尖或叶缘生水浸状绿褐色斑点,病斑周围有浅绿色晕圈,湿度大时病斑迅速扩大,呈褐色,并产生一圈白霉,即孢囊梗和孢子囊,尤以叶背最为明显;干燥时病斑变褐干枯,质脆易裂,不见白霉,且扩展速度减慢。茎部或叶柄染病现褐色条斑。发病严重的叶片萎垂、卷缩,终致全株黑腐,全田一片枯焦,散发出腐败气味。块茎染病初生褐色或紫褐色大块病斑,稍凹陷,病部皮下薯肉亦呈褐色,慢慢向四周扩大或烂掉。

(2)形态特征

孢子囊呈柠檬形,大小 $(2\sim38)\mu m\times(12\sim23)\mu m$,一端具乳突,另端有小柄,易脱落,在水中释放出 $5\sim9$ 个肾形游动孢子。游动孢子具鞭毛 2 根,失去鞭毛后变成休止孢子,萌发出芽管,又生穿透钉侵入到寄主体内。菌丝生长适宜温度为 $20\sim23$ ℃,孢子囊形成适宜温度为 $19\sim22$ ℃,$10\sim13$ ℃形成游动孢子,温度高于 24 ℃,孢子囊多直接萌发,孢子囊形成要求相对湿度高。

(3)传播途径

病菌主要以菌丝体在薯块中越冬。若播种带菌薯块,会导致不发芽或发芽后出土即死去,有的出土后成为中心病株,病部产生孢子囊借气流传播进行再侵染,形成发病中心,致该病由点到面,迅速蔓延扩大。病叶上的孢子囊还可随雨水或灌溉水渗入土中侵染薯块,形成病薯,成为翌年主要侵染源。

(4)发病条件

病菌喜日暖夜凉高湿条件,空气相对湿度在 95% 以上,气温为 18~22 ℃ 条件下,有利于马铃薯晚疫病孢子囊的形成;冷凉(10~13 ℃,保持 1~2 h)又有水滴存在,有利于孢子囊萌发产生游动孢子;温暖(24~25 ℃,持续 5~8 h)又有水滴存在,利于孢子囊直接产出芽管。因此多雨年份,空气潮湿或温暖多雾条件下发病重。若种植感病品种,植株又处于开花阶段,只要出现白天 22 ℃ 左右,相对湿度高于 95% 持续 8 h 以上,夜间 10~13 ℃,叶上有水滴持续 11~14 h 的高湿条件,晚疫病即可发生,发病后 10~14 d 病害蔓延全田或引起大流行。

(5)防治方法

1)轮作换茬:防止连作,防止与茄科作物连作,或与茄科作物邻近种植。应与十字花科蔬菜实行 3 a 以上轮作。

2)选用无病种薯,减少初侵染源。做到在秋收入窖、冬藏查窖、出窖、切块、春化等过程中,每次都要严格剔除病薯,有条件的要建立无病留种基地,进行无病留种。

3)选用抗病品种,例如鄂马铃薯 1 号、2 号,坝薯 10 号,冀张薯 3 号,中心 24 号,1-1085,矮 88-1-99,陇薯 161-2,郑薯 4 号,抗疫 1 号,胜利 1 号,四斤黄,德友 1 号,同薯 8 号,克新 4 号,新芋 4 号,乌盟 601,文胜 2 号,青海 3 号等。这些品种在晚疫病流行年,受害较轻,各地可因地制宜选用。

4)加强栽培管理,适期早播,选土质疏松、排水良好的田块栽植,降低田间湿度,促进植株健壮生长,增强抗病力。施足基肥,实行配方施肥,避免偏施氮肥,增施磷、钾肥。定植后要及时去除杂草,根据不同品种结果习性,合理整枝、摘心、打杈,减少养分消耗,促进主茎的生长。

5)药剂防治。发病前即开始喷施药剂,隔 7~10 d 喷施 1 次,连续防治 2~3 次。可喷施的药剂有:77 多宁(硫酸铜钙)600 倍液,72% 克露(霜脲·锰锌)可湿性粉剂 600 倍液,69% 龙灯乐清(烯酰吗啉·锰锌)可湿性粉剂 600~800 倍液,90% 三乙膦酸铝(疫霜灵)可湿性粉剂 400~600 倍液,58% 甲霜灵·锰锌可湿性粉剂 700~800 倍液等。注意以上不同药剂最好交替使用,以防产生抗药性。

3.5.8.2 马铃薯早疫病

马铃薯早疫病主要发生在叶片上,也可侵染块茎。叶片染病病斑呈黑褐色,圆形或近圆形,具同心轮纹,直径大小 3~4 mm。湿度大时,病斑上生出黑色霉层,即病原菌分生孢子梗和分生孢子。发病严重的叶片干枯脱落,田间一片枯黄。块茎染病产生暗褐色稍凹陷圆形或近圆形病斑,边缘分明,皮下呈浅褐色海绵状干腐。该病近年呈上升趋势,有的地区马铃薯早疫病的危害不亚于晚疫病。

(1)形态特征

菌丝丝状,有膈膜。分生孢子梗自气孔伸出,束生,每束 1～5 根,梗圆筒形或短杆状,暗褐色,具膈膜 1～4 个,大小(30.6～104)μm×(4.3～9.19)μm,直或较直,梗顶端着生分生孢子。分生孢子长卵形或倒棒形,淡黄色,大小(85.6～146.5)μm×(11.7～22)μm,纵膈 1～9 个,横膈 7～13 个,顶端长有较长的喙,无色,多数具 1～3 个横膈,大小(6.3～74)μm×(3～7.4)μm。

(2)传播途径

以分生孢子或菌丝在病残体或带病薯块上越冬,翌年种薯发芽病菌即开始侵染。病苗出土后,其上产生的分生孢子借风、雨传播,进行多次再侵染使病害蔓延扩大。病菌易侵染老叶片,遇有小到中雨或连续阴雨或空气相对湿度高于 70%,该病易发生和流行。

(3)发病条件

分生孢子萌发适温为 26～28 ℃,当叶上有结露或水滴,温度适宜,分生孢子经 35～45 min 即萌发,从叶面气孔或穿透表皮侵入,潜育期 2～3 d。瘠薄地块及肥力不足田发病重。

(4)防治方法

1)选用早熟耐病品种,适当提早收获。

2)选择土壤肥沃的高燥田块种植,要实行高垄栽培,定植缓苗后要及时封垄,促进新根发生。增施有机肥,推行配方施肥,提高寄主抗病力。

3)发病前开始喷施药剂进行预防,隔 7～10 d 喷施 1 次,连续防治 2～3 次。可喷施的药剂有:75%百菌清可湿性粉剂 600 倍液,80%代森锰锌(大生 M-45)可湿性粉剂 600 倍液,70%代森锰锌可湿性粉剂 500 倍液,77%多宁(硫酸铜钙)可湿性微粒粉剂 600 倍液等。

3.6　春播大豆

3.6.1　全生育期

3.6.1.1　时间

一般 5 月上旬播种,9 月末成熟,有效生育期为 140 d 左右。

3.6.1.2　适宜气象条件

(1)不同品种不同熟性,大豆从播种至成熟要求不同的热量条件和生育期,一般以日平均气温大于或等于 10 ℃的活动积温及其持续期表示。中晚熟品种从播种至成熟持续135～145 d,要求日平均气温大于或等于 10 ℃活动积温为 2700～2850 ℃·d。

(2)需水量为 500～580 mm,6—8 月开花结实期需水量较多,为 400～480 mm。大豆全生育期 5—9 月需水量大致为 65,125,190,120 和 65 mm 左右。

3.6.1.3　不利气象条件

(1)生长季气温高于 35 ℃和低于 18 ℃时生长速率就会下降。

(2)生长季当日照时数减少到本地气候平均值的 50％时可减产 60％以上。

3.6.1.4　应对管理措施

(1)选育良种是大豆增产的关键因素,在相同的栽培条件下,选用良种一般可增产 10％～20％。

(2)大豆对前茬作物要求:大豆最忌重茬、迎茬,也不适于种在其他豆科作物之后。大豆重茬、迎茬时,由于大豆的孢囊线虫危害,严重时苗期出现"火龙秧"。特别是在干旱或贫瘠的土壤条件下造成严重减产甚至颗粒无收。大豆最好与其他禾本科作物实行 3 a 以上的轮作或套作。

(3)大豆对土壤的要求:大豆以土壤有机质含量高,保肥、保水通透性能好的中性土壤为宜,大豆易吸收前茬肥,小麦、玉米均是大豆良好的前茬作物。前茬作物施肥多、整地质量高、土壤松软,对大豆生长十分有利。

(4)大豆对后茬作物的影响:由于大豆根瘤菌固氮作用,丰富了耕作层的氮素营养。因此,大豆茬土壤疏松、保肥保水力强、透气性能好,被称为"肥茬"作物。

3.6.2　播种期

3.6.2.1　适宜气象条件

(1)适宜温度为日平均气温 10～16 ℃。一般日平均气温高于 8 ℃时即可开始播种。

(2)土壤相对湿度以 60％～65％为宜。

3.6.2.2　不利气象条件

(1)10 cm 地温低于 8 ℃时,种子不能发芽,10 cm 地温低于 6 ℃时,易发生烂种。

(2)土壤相对湿度大于 85％或小于 60％对种子发芽均有不利影响。

3.6.2.3　应对管理措施

(1)选择良种播种,视春季气温稳定回升情况确定具体播种日期,不宜盲目早播。

(2)施足底肥。

3.6.3　幼苗期(出苗—第三真叶,第三真叶—旁枝形成)

3.6.3.1　适宜气象条件

(1)适宜温度为日平均气温 18～20 ℃。

(2)土壤相对湿度以 60％～70％为适宜。

(3)光照充足。

3.6.3.2　不利气象条件

(1)幼苗遇－3 ℃以下低温,将遭受冻害。日平均气温低于 15 ℃苗期生长受阻。

(2)土壤相对湿度小于 60％时,将缺墒发生干旱。

3.6.3.3　应对管理措施

(1)查苗补苗、间苗定苗。大豆出苗后,发现缺苗断垄现象应及时补种,补种时可预先将种子浸泡 2～3 h,天旱时应坐水补种。为防止缺苗而又来不及补种,则应预先育好备用苗或结合间苗进行补栽。间苗要早,叶子出土后就可以间苗,在 1～2 片真叶时定苗。

(2)栽培上主要措施是培育壮苗。即根系发达,茎秆粗壮,节间短,叶片肥厚,生长稳健。

(3)大豆苗期生长缓慢,多杂草丛生,应进行多次中耕除草,且有利于提高地温。

3.6.4　分枝期

3.6.4.1　适宜气象条件

(1)适宜温度为日平均气温 20～24 ℃。

(2)适宜土壤相对湿度为 65%～70%。

3.6.4.2　不利气象条件

(1)夜间气温低于 14 ℃,生长发育受到阻碍。

(2)土壤相对湿度小于 60%,或大于 90% 均对分枝和花芽形成不利。

3.6.4.3　应对管理措施

(1)应创造适宜的环境条件,保持生长与发育的平衡,避免茎顺徒长而阻碍花芽正常分化,或因花芽分化加速而使植株矮小的现象。

(2)加强水肥管理,避免植株过高且细弱,造成倒伏或落叶现象。

3.6.5　开花结荚期

3.6.5.1　适宜气象条件

(1)适宜温度为日平均气温 23～26 ℃

(2)适宜土壤相对湿度为 70%～80%。

3.6.5.2　不利气象条件

(1)阴雨寡照天气。持续阴雨,土壤相对湿度大于 80% 时,容易造成渍害。

(2)日平均气温低于 20 ℃ 时,落花严重,日平均气温低于 17 ℃ 时,花芽不分化,日平均气温低于 13 ℃ 时,则停止开花。

(3)空气相对湿度小于 20% 或大于 90% 时,均对开花不利。

3.6.5.3　应对管理措施

(1)充分满足大豆养分的需求,使营养生长和生殖生长协调,两者平衡发展。调查个体和群体关系,根据品种分枝特性,科学施肥,创造良好的通风条件。这一阶段如果养分供应不足,则营养生长与生殖生长之间的矛盾激化,生殖生长首先受到抑制,最终表现为枝叶稀疏,节少细矮,顶花提前形成,导致减产。

(2)花期需水量较大,所需水分占全生育期的 60% 以上。及时抗旱排涝,调节土壤水分,充分满足花荚发育的需要,同时不受渍害。

(3)及时防治病虫害和尽量减少机械损伤。

3.6.6 鼓粒期

3.6.6.1 适宜气象条件

(1)鼓粒期适宜温度条件为日平均气温 23～25 ℃

(2)适宜土壤相对湿度为 70%～75%。

(3)光照充足,以保证物质的运输、转化和籽粒脱水。

3.6.6.2 不利气象条件

(1)若日平均气温低于 23 ℃,则灌浆不畅,容易造成秕粒。

(2)当土壤相对湿度小于 70%时,容易造成幼荚脱落。

3.6.6.3 应对管理措施

进入鼓粒期后,根系开始衰减,吸收能力渐弱,根瘤菌固氮作用也开始衰退,叶面积指数因落叶也逐渐下降,根系活跃部位转向土壤深层,以利用早期深层的底肥养分。为减少落荚,促进籽粒饱满,还应进行人工叶面喷肥,遇干旱要适时灌溉,以满足营养需要。

3.6.7 成熟期

3.6.7.1 适宜气象条件

(1)成熟期在 9 月中下旬,以日平均气温 18 ℃左右为宜。

(2)适宜土壤相对湿度为 65%～75%。

(3)天气晴朗、光照充足、昼夜温差大,有利于提高大豆的成熟度和品质。

3.6.7.2 不利气象条件

(1)成熟期的温度和湿度能影响成熟的早晚。干旱高温则提早成熟,反之则延迟成熟。

(2)早霜冻提前,会影响大豆的产量和品质。

3.6.7.3 应对管理措施

大豆成熟期应注意田间水分管理,过湿或过干,均不利于成熟。

3.7 夏播大豆

3.7.1 全生育期

3.7.1.1 时间

夏播大豆区 6 月中旬播种,9 月下旬成熟收获,全生育期 90～100 d。

3.7.1.2 适宜气象条件

(1)全生育期适宜温度为日平均气温 22～28 ℃,日平均气温大于或等于 15 ℃的活动积温为 2600～2800 ℃·d。

(2)最高产量的需水量为 450～700 mm。

3.7.1.3　不利气象条件

（1）生长季当气温高于 35 ℃和低于 18 ℃时,大豆生长速率就会下降。

（2）生长季内日照时数减少到气候平均值的 50％时可减产 60％以上。

3.7.1.4　应对管理措施

（1）选择早熟品种能充分利用生长季,早播是夏大豆丰产的关键措施,既能保证早霜冻来临前成熟,又能提高产量。

（2）夏播大豆是在夏作物收获之后播种的,正值高温季节,加之作物生育后期大量消耗土壤水分,因而土壤一般较旱,所以夏大豆播种前必须要做好整地保墒工作,及时破除板结,才能确保全苗;由于大豆苗期生长缓慢,与杂草竞争处于弱势,杂草很容易滋生,注意适时中耕除草。

3.7.2　播种期

3.7.2.1　适宜气象条件

（1）播种至出苗期适宜温度为日平均气温 20～22 ℃,最低温度界限为日平均气温 8～10 ℃,最高温度界限为日平均气温 33～36 ℃。

（2）10 cm 土壤相对湿度为 70％～80％,有利于出苗。

3.7.2.2　不利气象条件

（1）当日平均气温低于 8 ℃时,种子不易发芽;当日平均气温高于 33 ℃时,致使幼苗生长细弱。

（2）土壤相对湿度大于 85％或小于 60％对种子发芽均有不利影响。

3.7.2.3　应对管理措施

大豆种子萌发阶段需要较多的水分,一般吸收的水分约为本身重量的 1.2～1.5 倍。大豆播种期发生干旱,会影响适时播种,即使播下种子,出苗率也会降低,致使出苗不齐,干旱严重时会造成缺苗断垄现象。因此,在遇干旱情况下要造墒播种,以确保全苗。

3.7.3　幼苗期(出苗—第三真叶,第三真叶—旁枝形成)

3.7.3.1　适宜气象条件

（1）适宜温度条件为日平均气温 18～22℃。

（2）适宜土壤相对湿度为 60％～70％。

（3）光照充足。

3.7.3.2　不利气象条件

大豆苗期影响生长发育的主要不利气象条件是初夏干旱,土壤相对湿度小于 60％。

3.7.3.3　应对管理措施

（1）夏播大豆出苗后处于高温、日照时数变少的条件下,生长发育迅速,容易形成高脚苗,影响幼苗生长。出苗 7~8 d,有 2~3 片真叶时,适当进行间苗、定苗。

(2)要早中耕、深中耕。夏播大豆往往整地不细,土壤板结,草荒严重,影响幼苗生长,要及时中耕锄草,疏松土壤,促进幼苗生长。第一次中耕以除去麦茬、破除土壤板结为主,第二次中耕在大豆 2~3 片期,第三次中耕在大豆 4~5 片期,大豆封垄则不宜再中耕。三次的中耕深度,以深—浅—浅为好,并做到苗期不缺水。栽培上主要措施是培育壮苗,即根系发达、茎秆粗壮、节间短、叶片肥厚、生长稳健。

3.7.4　分枝期(旁枝形成—开花期)

3.7.4.1　适宜气象条件

(1)分枝期适宜温度条件为日平均气温 20~22 ℃,昼夜温差小,最低气温高于 15 ℃。

(2)土壤水分需要较为充足,以 10 cm 土壤相对湿度 65%~75% 为宜。

3.7.4.2　不利气象条件

(1)最低气温低于 14 ℃,生长发育受到阻碍。

(2)土壤相对湿度<60%或>90%对分枝和花芽形成都不利。

3.7.4.3　应对管理措施

分枝期需要的水分开始增多,对环境要求较为严格,对干旱也很敏感,要及时查墒灌溉。

3.7.5　开花结荚期

3.7.5.1　适宜气象条件

(1)开花最适宜温度条件为日平均气温 25~28 ℃。

(2)适宜的空气相对湿度为 70%~80%,土壤相对湿度为 70%~85%。

3.7.5.2　不利气象条件

(1)每天日照时数大于 12 h 或小于 5 h,影响开花。

(2)空气相对湿度小于 20%或大于 90%对开花不利。

(3)当土壤相对湿度小于 70%或大于 85%时,开花结荚数减少。

3.7.5.3　应对管理措施

(1)花期需要充足的肥料和供水,应根据植株生长情况在开花初期适当追施速效性肥料,开花后期和结荚期进行根外追肥,力争保花成荚。

(2)土壤相对湿度小于 65%时,要适时灌溉。

3.7.6　鼓粒—成熟期

3.7.6.1　适宜气象条件

(1)鼓粒期适宜温度条件为日平均气温 20~23 ℃。

(2)土壤相对湿度为 80%~90%时,有利于鼓粒,成熟期土壤相对湿度以 50%~60%为宜。

(3)需要较干燥的天气条件,且光热充足,以保证干物质的运输、转化和籽粒脱水。

3.7.6.2 不利气象条件

(1)鼓粒期是大豆的需水高峰期,需要较多的水分。鼓粒期干旱比开花结荚期干旱对产量影响更大。

(2)气温高于30 ℃,会导致植株过分蒸腾,营养供应不良,易出现空秕荚。

(3)低温寡照天气,会导致延缓成熟。

3.7.6.3 应对管理措施

适时灌溉、锄大草及松土,以起到保墒的作用。

3.8 谷子

3.8.1 全生育期

3.8.1.1 时间

春谷的适宜播种期为5月中下旬,当10 cm地温达到12~15 ℃时即可播种(中晚熟品种可提早些,早熟品种可适当晚些)。夏谷应在6月20日前播种。生育期126 d左右。

3.8.1.2 适宜气象条件

(1)谷子性喜高温,幼苗不耐低温。全生育期适宜温度为日平均气温22~28℃,海拔1000 m以下地区均适宜种植。

(2)张杂谷1号,生育期126 d,适合在日平均气温大于或等于10℃活动积温为2600 ℃·d以上地区种植。蒙金谷1号,生育期125 d,为中晚熟品种,适宜推广地区的活动积温在2800 ℃·d以上。蒙丰谷11号原名99156,生育期126 d,出苗至成熟需要日平均气温大于或等于10 ℃的活动积温2600 ℃·d以上。蒙早谷9号,出苗至成熟需要日平均气温大于或等于10℃的活动积温2500℃·d。

(3)谷子耐寒、耐旱、怕涝,宜选择地势较高、排水方便、土层深厚、质地松软的肥沃壤土或沙壤土,不宜在低洼和不易排除积水地块种植。谷子不宜连作,宜在生茬地或轮作种植,小麦、玉米、薯类等茬口均可,但以豆茬和薯类茬口最好。

3.8.2 播种出苗期

3.8.2.1 适宜气象条件

(1)10 cm地温稳定通过8 ℃以上时,即可播种。

(2)土壤相对湿度以65%~75%为宜。

(3)10 cm地温达12~15 ℃,土壤水分充足的情况下,播种后4~5 d发芽,9~10 d出苗。谷子种子发芽最低温度为7~8 ℃,最适温度在13 ℃左右。

3.8.2.2 不利气象条件

(1)10 cm 地温低于 7 ℃,推迟发芽,

(2)当土壤相对湿度小于 50％时,出苗不齐。

(3)播种后,若春风大、地温高,则幼苗遭受热土层的"烤烫"容易造成缺苗,甚至需毁种。

3.8.2.3 应对管理措施

(1)谷子籽粒细小,发芽顶土能力弱,必须在墒情充足、疏松细碎的土壤上才易出苗。因而,前茬作物收获后应及时深翻,充分接纳秋冬雨雪,积蓄底墒,开春解冻后及早浅耕耙耢,精细整地,保护土壤水分。

(2)在播种前,对种子做进一步的精选和处理是提高种子质量,保证苗全、苗壮的主要措施之一。一般用风车或簸箕清除秕谷和杂质,选饱满的籽粒留作种子,随后选晴天晒种 2~3 d,以提高种子的发芽势和发芽率。

(3)谷子生长发育的苗期到拔节阶段以根系建成为中心,管理的主攻方向是适当控制地上部分生长,促进根系发育,培育壮苗。要在整地、施足底肥、精选良种的基础上,通过蹲苗、早间苗、早中耕等措施,促进根系发育,达到壮苗目的。

3.8.3 拔节期

3.8.3.1 适宜气象条件

(1)拔节期适宜的温度为日平均气温 25~28 ℃。

(2)土壤相对湿度以 60％~70％为宜。

3.8.3.2 不利气象条件

(1)连阴雨、高温高湿利于病虫害的发生。

(2)耕作层干旱导致果穗小,并可能出现秃尖现象。

(3)当日平均气温高于 30 ℃时,使幼穗分化期缩短,日平均气温低于 13 ℃时,幼穗分化受到抑制,甚至不能抽穗。

3.8.3.3 应对管理措施

此发育期是谷子营养生长和生殖生长并进期,茎叶生长旺盛,各种生理过程活跃,对养分的竞争激烈,是谷子一生吸收水肥的高峰阶段。管理的主攻方向是协调营养生长和生殖生长的关系,达到株壮穗大。要在合理密植的基础上,结合降雨或浇水,追施速效氮肥,同时深中耕、清理垄沟,减少水肥消耗,达到苗脚清爽、株形匀称、秆粗穗大。

3.8.4 抽穗开花期

3.8.4.1 适宜气象条件

(1)抽穗开花期最适宜温度为日平均气温 23~25 ℃。

(2)抽穗开花期土壤相对湿度以 65％~80％为宜。

（3）天气晴朗、微风。

3.8.4.2　不利气象条件

（1）当日平均气温高于 30 ℃，最高气温高于 38 ℃时，花粉粒的活力下降，花柱的寿命缩短，因而产生授粉不良。当日平均气温低于 10 ℃时，花药将不开裂，花期可能受冻。

（2）当土壤相对湿度小于 60％时，会影响花粉的正常成熟，造成秕谷增多。

（3）开花期若遇连阴雨，花粉容易吸水过多肿胀破裂，更容易造成大量秕谷，同时连阴雨天气还可能会引起黏虫大发生。

3.8.4.3　应对管理措施

谷子抽穗后，发育中心是开花受精，形成籽粒，管理的主攻方向是防早衰、延长叶片寿命、提高成粒率、增加粒重。可以通过叶面喷肥、巧施粒肥、提高光合能力、减少秕谷，达到增产目的。

3.8.5　灌浆—成熟期

3.8.5.1　适宜气象条件

（1）灌浆—成熟期以日平均气温 22～25 ℃为宜。昼夜温差大，有利于谷子积累营养物质，促使充分灌浆。

（2）土壤相对湿度以 65％～80％为宜。

（3）光照充足，有利于谷子干物质积累。

3.8.5.2　不利气象条件

（1）低温、连阴雨，将延迟成熟，致使籽粒不饱满。

（2）土壤相对湿度小于 60％时，会使灌浆受到影响。

（3）大风、暴雨易引起倒伏，影响收获与脱粒，同时降低产量和品质。

3.8.5.3　应对管理措施

谷子灌浆至成熟期，特别是早熟品种易遭受鸟类为害，应加强管护工作，并防止谷子倒伏。当谷穗变黄、籽粒变硬即可适时收获。收获后不要立即脱粒，应堆放 7～10 d 后再脱粒，以利用后熟作用提高产量。

3.9　高粱

3.9.1　全生育期

3.9.1.1　时间

河北省高粱种植多为晚熟品种，春播高粱的适宜播种期为 4 月下旬—5 月上旬，夏播高粱则在冬小麦收获后播种，一般为 6 月中下旬。全生育期 120 d 左右。

3.9.1.2　适宜气象条件

（1）高粱喜温、喜光，全生育期都需要充足的光照。

(2)在生育期间所需的温度比玉米高,并有一定的耐高温特性,全生育期适宜温度为 20~30 ℃。

(3)高粱对水分的敏感性由高到低依次为:拔节孕穗期,抽穗开花期,灌浆成熟期。

3.9.2 播种出苗期

3.9.2.1 适宜气象条件

(1)5 cm 地温稳定在 10~12 ℃时适宜播种,5 cm 地温在 12~13 ℃时,10 d 左右出苗。苗期适宜生长发育的温度为日平均气温 20~25 ℃。

(2)高粱播种出苗适宜的土壤相对湿度以 65%~80% 为宜。

3.9.2.2 不利气象条件

(1)当 5 cm 地温低于 7 ℃时,将延迟出苗。

(2)日平均气温低于 10 ℃时,根系生长缓慢,地上部分停止生长。日最低气温降至 1 ℃时,幼苗将受冻害。

(3)播种后若遇较长时间阴雨天气,土壤相对湿度大于 90% 时,容易粉种,导致出苗不齐。

3.9.2.3 应对管理措施

(1)选择产量高、品质好、适应性广、抗逆性强的优质高产品种播种。

(2)若播种过早,此时地温低,将延长出苗时间,易导致烂种、烂芽,出苗率低,且不整齐;若播种过迟,则生育后期易受高温伏旱影响,穗部虫害也会严重。因此应适期播种。

3.9.3 拔节期

3.9.3.1 适宜气象条件

(1)拔节期最适宜的日平均气温为 18~25 ℃。

(2)土壤相对湿度以 70%~85% 为宜。

3.9.3.2 不利气象条件

(1)当日平均气温高于 30 ℃或低于 15 ℃时,均不利于植株生长。

(2)若拔节前期土壤湿度过大,则不利于蹲苗,若后期土壤相对湿度小于 60%,则生长将受到抑制。

3.9.3.3 应对管理措施

高粱根系发达,吸肥力强。施肥方法以重底肥、早追肥为宜,特别是杂交高粱宜早不宜迟,拔节前看苗情酌情追肥。

3.9.4 抽穗开花期

3.9.4.1 适宜气象条件

(1)抽穗开花期最适宜的日平均气温为 25~28 ℃。

(2)土壤相对湿度以 80% 左右为宜。

（3）空气相对湿度以 65%～80%为宜。

3.9.4.2　不利气象条件

（1）当日平均气温高于 30 ℃时，将使花粉干枯而更丧失受精能力。当日平均气温低于 15 ℃时，会使开花停止或延迟。

（2）土壤相对湿度小于 60%，则会出现卡脖旱。

（3）若遇多雨天气，空气相对湿度过大，花粉会吸水破裂，造成受精不良。

（4）若出现大于或等于 5 级大风天气，容易引起倒伏和影响授粉。

（5）阴雨、高温、高湿天气，植株易感染病害。

3.9.4.3　应对管理措施

高粱的病害主要是炭疽病、纹枯病等，重在预防。如发现病害苗头，在发病初期（越早越好）分清具体病害及时用多菌灵、托布津、代森锌等药剂喷雾防治。需注意的是，高粱严禁施用美曲膦酯（俗称敌百虫）、敌敌畏等有机磷农药，如其他作物施用此类农药时，应绝对避免与高粱接触，若此类农药随风飘移至高粱上以后，开始时会在叶片上产生红褐色斑点，然后斑点会迅速扩大相互融合成大斑块，致使全叶焦枯，全田似火烧状。若发生药害后应迅速冲洗或灌水处理。

3.9.5　灌浆—成熟期

3.9.5.1　适宜气象条件

（1）日平均气温以 25 ℃左右为宜。

（2）天气晴朗，光照充足。

（3）土壤相对湿度以 65%左右为宜。

3.9.5.2　不利气象条件

（1）降水过多，日平均气温低于 20℃时，高粱不能正常灌浆成熟；天气干旱，土壤相对湿度低于 50%时，也不能正常成熟。

（2）阴雨、大风易引起倒伏。

3.9.5.3　应对管理措施

当90%以上植株穗下部籽粒硬化后，应抢晴天收获。脱粒晒干后，妥善保管，尽量避免将鲜穗子放在室内，以减少穗部害虫的越冬基数。

第4章 经济作物气象服务指标

4.1 棉花

4.1.1 播种出苗期

4.1.1.1 时间

河北省一般为春播棉,并且采用地膜覆盖。河北省地膜棉一般于4月中下旬开始播种,最佳播种期为4月15—28日,露地直播棉可推迟到5月上旬。

4.1.1.2 生长发育特点

播种是夺取棉花丰产的第一环节,播种出苗期的要求是一次播种,一次全苗。幼苗出土,两片子叶完全展开为出苗,全田出苗率达到50%的时期为出苗期,一般播种后7~10 d即可出苗。

4.1.1.3 适宜气象条件

(1)5 cm地温稳定在12~15 ℃时,即可播种棉花。5 cm地温高于16 ℃时,种子胚轴才能伸长,才有顶土能力。若在5 cm地温稳定通过14 ℃时进行播种,棉苗出土后将不会遭受霜冻影响。

(2)棉籽发芽的温度范围为12~40 ℃,最适宜的温度范围为20~30 ℃。

(3)从播种到出苗,0~20 cm土壤相对湿度以60%~80%为宜。

4.1.1.4 不利气象条件

(1)春季干旱,使棉花播种不能适时进行。

(2)遇3 d以上持续低温阴雨天气,或持续4 d以上每天日照时数少于3 h的天气状况时,棉籽易被病菌侵害,造成烂芽、烂种。

(3)若遇强降雨过程,常造成土壤板结,易使刚刚萌动的棉籽因缺氧"闷死"。

(4)日平均气温低于12 ℃时,易烂芽烂种,日平均气温低于15 ℃时,幼苗生长缓慢。

4.1.1.5 应对管理措施

(1)播种前准备。①精选种子,并做好播种前种子处理,提高发芽势和发芽率。②墒情差的棉田必须浇足底墒水,保护好表墒,以利于出全苗。土质中等或偏黏的水浇棉田,应争取秋冬灌溉,这样可与粮田调剂用水,且地温回升快。在不得不进行春灌的区域,也要争取早春灌,早春灌一般应于播前半个月结束,让地温有个回升的时间,灌后应及时耙耱,碎土保墒。沙质土应在播种前灌水,灌后浅耕耙耱保墒。③棉田要施足底肥。

（2）适时播种。由于春季气温多变,抓住"冷尾暖头"播种,或根据"霜前播种,霜后出苗"的要求,因地制宜确定适宜播种期。

（3）播种后加强管理,争取一播全苗。播种后土壤墒情变差时要抓紧镇压提墒,或小水轻灌,保证种子层的水分供应。播种后如遇雨造成地面板结,应及时松土,破除板结,助苗出土。

4.1.2　苗期(出苗—现蕾期)

4.1.2.1　时间

棉花苗期一般为 5 月上旬—6 月上旬,40 d 左右。

4.1.2.2　生长发育特点

棉花苗期为长根、长茎、长叶的营养生长阶段,生长中心在地下。此期植株根的生长最快,主根的伸长速度比地上部株高的增长速度快 4～5 倍。影响棉苗生长的主要环境因素是温度,因为此时气温一般偏低而且不稳,幼苗生长较弱,且抗逆性很差,易导致病害、死苗或晚发。因棉苗小,此期的光照一般不成问题,只在个别年份出现连阴雨天气,或间苗、定苗不及时,或在麦垄套作下,荫蔽严重,幼苗相互争光,形成高脚细苗,推迟生长发育。苗期对水分的要求较低,土壤水分偏少时,有利于根系下扎,上部敦实,促苗早发。此期对养分吸收量虽不多,但反应敏感,缺氮影响营养生长,缺磷则影响根系发育。

4.1.2.3　适宜气象条件

（1）日平均气温 18～30 ℃。

（2）苗期耗水量为 33.3～44.4 mm,占总耗水量的 7.4%,当土壤相对湿度为55%～75%时,对苗期生长比较有利。

4.1.2.4　不利气象条件

（1）当日平均气温低于 17 ℃时,幼苗生长缓慢,日最高气温高于 35 ℃时,则会抑制棉株生长。

（2）当土壤相对湿度大于 90%时,容易烂根,当土壤相对湿度小于 50%时,发生干旱易使棉花蕾数减少。

（3）若出现连阴雨,则延迟现蕾,导致棉株徒长。

4.1.2.5　应对管理措施

苗期管理应先抓好全苗,在此基础上培育壮苗,促苗早发。各项管理的作用主要是克服不良的自然因素的影响,改善生长发育环境,保证幼苗正常生长。

（1）棉花出苗显行时,应及时查苗补种,以免贻误农时。

（2）棉花播种量大,出苗后注意间苗、定苗。

（3）棉花苗期中耕是促进根系下扎、地上部健壮生长、实现壮苗早发的关键措施。通过中耕还可以提高地温,减少水分蒸发,促使根系生长,控制病虫害发生,培育壮苗,提早生长发育。

(4)苗期施肥应根据苗情,早施、轻施或不施。基肥充足,又有种肥,可不追苗肥。一般棉田地力较差,基肥又少的情况下,须适当追肥,为蕾期打下基础,搭起丰产的架子。苗肥结合定苗、中耕进行,苗肥不宜过多,对瘦弱的二、三类苗,可偏施追肥,促使小苗赶大苗。

(5)及时灌水和排涝。播种前浇足了底墒水,苗期可不浇水,只需做好中耕保墒工作,头水争取到现蕾后再浇。确实需要浇水的,则应小水轻浇,隔沟浇,浇水后要中耕保墒,改善通气状况,提高地温。

4.1.3 蕾期(现蕾—开花)

4.1.3.1 时间

棉花从现蕾到开始开花这段时间为蕾期,一般 6 月上旬开始现蕾,历时 25～30 d。

4.1.3.2 生长发育特点

棉株最下部果枝第一果节出现三角塔形花蕾,长约 3 mm 为现蕾,全田有 50% 棉株现蕾的日期为现蕾开始期。棉花开始现蕾后,进入营养生长和生殖生长并进时期,根系生长高峰过后,生长中心由地下转到地上茎叶。此期棉花茎、枝、叶生长茂盛,吸收肥水量也会相应增加。现蕾期壮苗的标准是茎秆粗壮、节间短、发棵稳、叶片大小适中、蕾多蕾大。

4.1.3.3 适宜气象条件

(1)适宜日平均气温为 25～30 ℃。

(2)土壤相对湿度以 60%～80% 为宜。

(3)良好的光照条件。

4.1.3.4 不利气象条件

(1)当日平均气温低于 15 ℃时,棉株生长缓慢,甚至停止生长。

(2)初夏干旱使棉花营养生长受到抑制,土壤相对湿度达 55% 以下时,就会发生干旱。如果持续出现干旱,则造成棉株上部 3～4 片叶子颜色发暗,营养生长受到影响。

(3)在冰雹天气出现的同时常伴有不同程度的阵性大风,降雹时间短、范围小、来势突然,则对棉株的机械性破坏大,常常造成棉株断枝断头,落蕾落叶,甚至造成绝收。

4.1.3.5 应对管理措施

棉株蕾期既长根、茎、叶、枝,又要现蕾,不断增长果节,营养生长和生殖生长并进,但主要以扩大营养体为主。这一时期田间管理的目标是:协调好营养生长和生殖生长的关系,做到棉株壮而不疯,稳而不衰,既搭好稳产的架子,又稳增花蕾,在壮苗早发的基础上,实现增蕾稳长。具体措施如下:

(1)施肥:蕾期施肥既要满足棉株发棵、搭起丰产架子的需要,又要防止施肥过多、过猛,造成棉株旺长。蕾期施肥要稳施、巧施,因苗施用。对于基肥不足、未施种肥、棉株缺肥的棉田,在蕾期施肥效果最好。对于中等地力,尤其是高产田,强调蕾肥应以化肥与饼肥混施,结合中耕开沟深施到地表 10 cm 以下,做到"无机肥与有机肥混施,速效肥与缓效肥混施,氮肥与磷肥混施",既快又稳,既满足蕾期需要,又做到"蕾施花用"。

(2)浇水:蕾期若自然降水偏少,而土壤蒸发和叶面蒸腾都较多,适时、适量浇水,对提高产量有重要作用。一般棉田,为缓和"三夏"农活集中和夏种用水紧张,常把蕾期浇水提前到麦收前,但对高产棉田,容易徒长,应适当推迟浇头水,有利于棉株稳健生长,根系深扎,增强抗旱能力。浇水要控制水量,小水隔沟浇,切忌大水漫灌。

(3)中耕:蕾期中耕可起到抗旱保墒、消灭杂草、促根下扎、生长稳健的作用。对有疯长趋势的棉田进行中耕,有控制营养生长的作用。现蕾后到封垄前,一般应中耕3~4 次,做到"雨后锄,浇后锄,有草锄"。旺长棉田应深锄,深可达 10~14 cm。封垄前中耕结合培土,分次进行,雨季到来前结束。培土的好处是:小旱能保墒,大旱利沟灌,天涝好排水,还能提高地温,促进根系发育,抑制杂草复活等。

(4)整枝:棉株现蕾以后,能清楚分辨出果枝和叶枝时,及时将第一果枝以下的叶枝打掉,有利于促进果枝生长。对于赘芽要随出随抹,力求及时彻底。对于中等以上肥力的棉田,可及时去早蕾,盛蕾期和初花期要防止旺长。

(5)及时排水防涝:冰雹常伴随着狂风暴雨,易造成棉株倒伏和田间积水,土壤湿度过大,易使棉株烂根。要及时开沟排除田间积水,对因大风倒伏的棉株,要及时扶直。

(6)防治病虫害:棉花新生叶小、叶嫩,是棉铃虫、盲蝽象的首选取食对象,必须及时做好防治工作。

4.1.4　花铃期(开花—结铃)

4.1.4.1　时间

棉花从开花到开始吐絮这段时间为花铃期,一般为7月上旬—8月下旬,历时 50 d左右。

4.1.4.2　生长发育特点

花铃期是棉花一生的生长高峰期。初花期仍以营养生长占优势,盛花期以后生殖生长逐渐占优势。开花量为一生的 60%~70%。株高进程为:初花期 50~60 cm,盛花期 70~80 cm,最终达到 90~100 cm。初花期叶面积指数为 2,盛花期叶面积指数为 3.5~4.0,达到合理群体指标。

4.1.4.3　适宜气象条件

(1)适宜日平均气温为 25~30 ℃。

(2)土壤相对湿度以 65%~85% 为宜。

(3)良好的光照条件,有利于光合作用,可降低蕾铃脱落率,增加铃重,提高棉絮质量。

4.1.4.4　不利气象条件

(1)日平均气温高于30 ℃时,易引起蕾铃脱落,日平均气温高于35 ℃时,花铃脱落严重。

(2)土壤相对湿度小于60%时,就会明显受旱,导致蕾铃脱落。土壤相对湿度大于85%时,会因湿度过大,导致蕾铃脱落。

(3)连阴雨天气,会严重影响棉花授粉,且易造成棉花徒长、蕾铃脱落。

(4)冰雹灾害,易造成断枝断头。

(5)田间渍涝,易造成根系中毒,且影响授粉。

(6)当风力为6~7级时,持续3~4 h,幼蕾脱落15.1%、幼铃脱落7.8%;当风力为7~8级时,持续3~4 h,幼蕾脱落高达26.3%、幼铃脱落17.6%。

4.1.4.5　应对管理措施

花铃期棉株逐渐由营养生长与生殖生长并进,转向以生殖生长为主,边长茎、枝、叶,边现蕾、开花、结铃,此期是决定产量和品质的关键时期。花铃期又分初花期和盛花期。初花期是营养生长和生殖生长并进期,盛花期棉株营养生长减慢,生殖生长占优势,营养物质分配以蕾、铃为主。花铃期的田间管理应做到:控初花,促盛花,使植株既不疯长,又不早衰,协调营养生长和生殖生长的关系、个体和群体的关系,达到桃多、桃大、高产、优质。

(1)施肥:花铃期棉桃大量形成,是棉花一生中需要养分最多的时期,应重施花铃肥以保伏桃、争秋桃,争取桃多、桃大、不早衰。施肥水平高的地区分初花期和盛花结铃期两次施用,施肥水平低的地区可一次施入。施肥时间应根据当地气象条件和棉株长相而定:干旱的年份,瘦地和稳长棉株在初花期集中施入;多雨年份、肥地及旺长棉株要有2~3个桃后再施。

为了防止棉株早衰,促使其多结铃,盛花期以后还要根据土壤肥力和棉株长相适当补施盖顶肥(即桃肥)。底肥足、土壤肥、花肥重、棉株旺长的棉田,一般不需要补施桃肥;土壤瘠薄、施肥不足、棉株显衰的棉田,补施桃肥可防早衰,有利于多结秋桃。补施桃肥时间,一般在7月底到8月,最迟不过立秋。

(2)灌溉与排水:盛花期时正值雨季,土壤一般不缺水,棉株不至于受旱。始花期雨季尚未到来,往往出现干旱威胁,应及时浇水。浇水要根据情况灵活掌握:棉田肥力差,棉株长势弱的要适当早浇;棉田肥力足,长势旺的应适当迟浇。同时,要注意收听收看天气预报,避免浇水后遇降雨,致使土壤水分过多,引起棉株疯长。花铃期浇水一般采用沟灌。雨季应注意排水,以免雨后田间积水,影响根系活动,导致蕾铃脱落。

(3)中耕、培土:棉田由于浇水或降雨以及整枝、治虫等田间作业,致使土壤紧实板结,通透性差,导致根系早衰。在花铃期尚未封行时,应进行中耕、培土。花铃期棉根再生能力逐渐下降,中耕不宜过深,否则易切断大量细根,削弱根系吸收能力。培土可结合中耕进行。在蕾期培土的基础上,花铃期根据情况进一步培土,以利于灌溉、排涝、防倒伏。

(4)整枝、打顶:适时打顶可打破顶端生长优势,改变棉株体内养分的运转和分配,使养分运向结实器官,利于多结蕾铃,增加铃重。打顶还可有效控制主茎生长高度,改善通风透光条件,有利于增产和早熟。打顶的时间依条件而定:肥力低、密度大、长势弱、无霜期短的地区应提早打顶;反之则应适当推迟打顶。一般7月中下旬为打顶适期。打旁心,以抑制棉株横向生长,改善通风透光条件,增加坐桃数,并促进早熟。主茎和果枝叶腋处长出赘芽、疯杈也应及时抹掉。郁闭比较重的棉田,应打掉老叶,以改善通风透光条件。

4.1.5　吐絮期(开始吐絮—停止生长)

4.1.5.1　时间

从开始吐絮到全田棉花收获基本结束这段时间为吐絮期,一般为9月上旬—10中下旬,持续70~80 d。

4.1.5.2　生长发育特点

此期棉株营养生长与生殖生长均逐渐减弱,90%以上的光合产物供棉铃发育,吐絮期为增加铃重的关键期。吐絮期棉田高产长势长相为:叶色开始褪淡,红茎比达100%,叶面积指数为2.5~3。

4.1.5.3　适宜气象条件

(1)晴天、微风。

(2)适宜日平均气温为20~30 ℃。

(3)土壤相对湿度以65%~80%为宜。

4.1.5.4　不利气象条件

(1)日平均气温低于15 ℃时,棉纤维不能生长。日平均气温低于10 ℃,日最低气温降至-1 ℃时,棉株停止生长;日最低气温为-2~-3 ℃时,棉株被冻死。

(2)棉花从开花到降霜期,日平均气温大于或等于15 ℃的积温低于400 ℃·d时,棉株结无效铃。

(3)土壤水分过大时,不利于棉桃迅速脱水裂铃。

(4)土壤水分不足时,棉花根系的吸收作用和叶片的光合作用将受到严重阻碍,易引起植株早衰,叶片变黄脱落,使中下部棉铃生长受到抑制,提前开铃,铃重减轻,同时上部幼铃停止生长,降低产量和品质。干旱严重时,甚至引起红叶枯病的大发生,造成全株枯亡,减产严重。对于麦棉两熟的棉田,由于晚桃较多,若后期遇旱对产量影响更大。

(5)棉花生育后期若气温骤降,秋霜来得过早,使秋桃衣指骤降,且由于热量不足,使棉铃成熟度下降,棉纤维品质将变差,因衣分降低而减产。

4.1.5.5 应对管理措施

吐絮期若出现秋旱,则易引起棉花早衰。为了保证棉株的正常生长发育,争取秋桃发育良好,仍需提供一定的养分和水分。因此,吐絮期的田间管理主要是促进早熟和防止早衰。具体措施如下。

(1)补水、补肥:在秋旱的年份,因棉田土壤水分不足,会影响铃重,应及时浇水。浇水方法应以小水沟灌为宜,如出现脱肥,可喷施 1% 的尿素溶液和 0.5% 的过磷酸钙溶液。

(2)整枝、推株并垄:棉花进入吐絮期,仍需继续做好打老叶、修剪控制空枝、打旁心等整枝工作。特别是对于后期生长较旺、贪青晚熟的棉田,更应抓紧进行,以改善通风透光条件,促使有机养料集中供给已结的棉铃,使之提早成熟吐絮,且可减少烂铃。生长旺盛、贪青晚熟、郁闭较重的棉田,或秋雨较多、湿度较大的棉田,可进行推株并垄,即将相邻两行视为一组,每组的两行棉株推并在一起呈八字形。隔 5~6 d后,再以同样的方法,将相邻两组的相邻两行形成八字形并在一起。这样每行棉花的两侧和行间地面,均可先后受到较充足的阳光照射,起到通风透光、增温降湿的作用,促进棉铃成熟吐絮,减少烂铃损失。

(3)及时收花:在种好、管好棉田的基础上,要保证丰产丰收、提高棉花品级,必须适时、合理地采摘棉花。收花的间隔时间以 7~10 d 为宜,间隔时间过长,在阳光的照射下,会使纤维氧化变脆,强力受到影响,降低品质。收花时要做到"五分""四净""两不收"。"五分"是指按不同品种分收、留种与一般分收、霜前花与霜后花分收、好花与僵瓣分收、正常成熟花与剥出的青桃花分收。"四净"即是将棉棵上的花收净、铃壳内的瓣收净、落在地上的拾净、棉絮上的叶片杂物去净。"两不收"即没有完全成熟的花不要急着收、棉絮上有露水暂时不要收。

4.2 花生

4.2.1 播种出苗期

4.2.1.1 适宜气象条件

(1)日平均气温稳定通过 12 ℃,5 cm 地温稳定通过 15 ℃时可以进行播种。

(2)花生幼苗生长适宜的日平均气温为 20~27 ℃。

(3)播种时土壤相对湿度以 60%~80% 为宜,花生苗期土壤相对湿度以 50%~60% 为宜。

(4)种子萌发时需吸收相当于种子本身重量 40% 以上的水分。

4.2.1.2 不利气象条件

(1)寒潮、低温天气易造成烂种。

（2）土壤相对湿度在40%以下将严重影响出苗。

（3）当日平均气温低于8 ℃时,幼苗停止生长,当日平均气温为0～4 ℃,持续6 d左右幼苗就会死亡。

（4）花生苗期若降雨少,气候温和、干燥,易导致蚜虫病发生,造成病害流行。

4.2.1.3　应对管理措施

（1）播种深度。一般花生的播种深度以5 cm左右为宜。要掌握"干不种深,湿不种浅"和黏土地要浅、沙土地或沙性大的地块要深的原则。

（2）播后镇压。播后镇压是花生抗旱播种确保全苗的一条成功经验。镇压后,不仅可以减少土壤水分蒸发,而且可使种子与土壤紧密接触,促使土壤下层水分上升,防止种子落干,便于种子萌发出苗。

（3）施足基肥。基肥足则幼苗壮,花生生长稳健,为优质高产奠定坚实基础,花生增加氮、钾肥等基肥比重,可满足幼苗生根发棵的需要。如能够一次性施好施足基肥,一般可以少追肥或不追肥。要掌握"壮苗轻施,弱苗重施,肥地少施,瘦地多施"的原则。

（4）花生出苗后3～5 d,要及时进行查苗,缺苗严重的地方要及时补苗,使单位面积苗数达到计划要求的数量。

（5）清棵壮苗。花生清棵又叫清棵蹲苗,是在花生齐苗后进行第一次中耕时,用小锄在花生幼苗周围将土向四周扒开,使2片子叶和第一对侧枝露出土面,以利于第一对侧枝健壮发育,使幼苗生长健壮。实践证明,花生清棵有显著的增产效果。

4.2.2　开花期

4.2.2.1　适宜气象条件

（1）日平均气温以23～28 ℃为宜。

（2）要求有充足的光照。

（3）土壤相对湿度在65%左右,利于花生子房发育入土结实。

4.2.2.2　不利气象条件

（1）日平均气温低于21 ℃或高于30 ℃时,开花数量显著减少。当日平均气温低于19 ℃时,不能形成果针。日最低气温低于10 ℃或最高气温高于35 ℃均不利于开花授粉、受精。

（2）干旱、连阴雨、低温,影响下针和结果。

（3）果针入土后,若土壤干燥、温度不足,易形成秕果。

（4）开花期干旱缺水,会影响植株正常生长,减少花数,且致使果针入土困难,即使下针,子房也不能膨大。

4.2.2.3　应对管理措施

（1）花生既怕干旱,又怕渍水。灌溉时主要根据花生生育期内降水量多少、降水量分布情况、土壤含水量以及花生各生育阶段对土壤水分的需要来决定。

（2）若田间积水过多，土壤缺乏空气，则会导致根系发育不良，根瘤少，固氮能力弱，植株发黄矮小，开花节位提高，下针困难，结实率、饱果率降低，烂果增多，严重影响花生产量和品质。排水的目的在于排除地面积水、降低地下水位和减少耕作层内过多的水分，以调节土壤温度、湿度、通气和营养状况，保持良好的土壤结构，为花生创造良好的生长发育环境。

（3）开花期植株生长旺盛，有效花大量开放，大批果针陆续入土，对养分的需求量急剧增加，如果基肥、苗肥不足，则应根据花生长势、长相，注意及时追肥。

4.2.3　荚果成熟期

4.2.3.1　适宜气象条件

（1）荚果发育的最适宜温度为日平均气温 25～33 ℃，花生果仁成熟期最适宜的土壤温度为 25～35 ℃。

（2）土壤相对湿度以 60% 左右为宜。

（3）晴朗温暖的天气。

4.2.3.2　不利气象条件

（1）日平均气温低于 12 ℃，荚果停止生长。

（2）连阴雨天气，土壤相对湿度达 85% 以上，则发生烂果现象。

（3）干旱导致荚果发育不良、秕果多，成熟后遇干旱后又突然遇雨，在干湿交替的条件下，果实易于发芽。

（4）一般在早霜前 3～5 d 收获，因受冻后果实容易霉烂，难以贮藏。

4.2.3.3　应对管理措施

（1）注意加强水分管理，结荚期缺水，则严重影响荚果发育，明显减少结荚数；成熟期缺水，则荚果饱满度、出米率降低。

（2）花生是无限开花结实作物，同一植株上的荚果形成时间和发育程度很不一致。生产上一般以植株由绿变黄，主茎保留 3～4 片绿叶，大部分荚果成熟，即珍珠豆型品种饱果率达到 75% 以上，作为田间花生成熟的标志。

4.2.4　花生的干燥、贮藏

（1）新收获的花生，成熟荚果含水量在 50% 左右，未成熟荚果为 60% 左右，必须及时使之干燥。一般先经过 5～6 d 晒晾后，然后堆放 3～4 d 使种子内的水分散发到果壳，再摊晒 2～3 d，待荚果含水量降至 10% 以下时，即可贮藏。

（2）贮藏。花生的安全贮藏与含水量、温度关系密切。荚果含水量降至 10%，种子含水量降至 7% 才能安全贮藏。应注意贮藏期间保持通风良好，以促进种子堆内气体交换，起到降温散湿的作用。贮藏期间要及时检查，加强管理，一旦发现异常现象，要采取有效措施，妥善处理。

4.3　甘薯

4.3.1　育苗期

4.3.1.1　适宜气象条件

（1）种子萌芽的最低温度为 16～18 ℃,适宜温度为 28～30 ℃,温度超过 35 ℃时萌芽将受到抑制。不定根的发根要求 10 cm 地温达 15 ℃以上,在 15～30 ℃的范围内,温度越高发根越快。

（2）土壤相对湿度以 60%～70%最为适宜。

（3）强光能使苗床增温快、温度高,可促进发根、萌芽。

4.3.1.2　不利气象条件

光照对发根、萌芽没有直接影响,但光照弱会影响苗床温度。出苗后光照强度对薯苗生长速度和薯苗健壮程度有明显影响。若光照不足,则光合作用减弱,薯苗叶色黄绿,组织嫩弱,发生徒长,栽后不易成活。在育苗过程中要充分利用光照,以提高床温,促进光合作用,使薯苗健壮生长。

4.3.1.3　应对管理措施

（1）温床育苗。要坚持前期高温催芽、中期适温长苗、后期低温炼苗的温度控制原则,主要通过低拱膜的盖、揭管理来调温控温。齐苗前以催为主。床温保持在 30～35 ℃,气温超过 30 ℃时应及时揭膜降温,薯苗长至 6～7 片叶时,在气温不低于 20 ℃时,揭膜炼苗,经 3～5 d 炼苗后即可剪苗栽插。需加强肥水管理,苗床不宜过干或过湿,床土发白要少量浇水,保持床土湿润。

（2）薄膜覆盖育苗。苗床只覆盖塑料薄膜,苗床不加热,这种苗床省工省料,但受天气影响较大,床温难以控制,播种时间比温床育苗推迟 7 d 左右。

（3）露地育苗。露地育苗不盖塑料薄膜,方法简单,省工省料,但用种量大,出苗少而缓慢,且播种时间受当地气候条件限制,要求日平均气温稳定通过 15 ℃才能播种。

4.3.2　移栽期

4.3.2.1　适宜气象条件

（1）10 cm 地温达 15 ℃以上,日平均气温为 18～20 ℃。

（2）土壤相对湿度以 60%～70%最为适宜。

4.3.2.2　不利气象条件

移栽期若土壤水分不适宜,则甘薯苗不易成活。

4.3.2.3　应对管理措施

（1）甘薯是块根作物,要求土壤土层深厚、土质疏松、通气良好、肥沃适度。播种前深耕能加厚活土层,改善通气性,加强蓄水能力,促进土壤养分释放。因此,不管是平作或是垄作,深耕都是提高甘薯产量的一项重要措施。

(2)甘薯栽插密度应根据品种、土壤肥力、施肥水平和栽插方式确定,短蔓直插密度一般每亩插 6000 株左右,长蔓斜插宜稀,一般每亩插 2500～3500 株。

(3)适时早栽是甘薯增产的关键,在适宜的条件下,栽秧早,生长期长,结薯早,结薯多,块根膨大时间长,产量高,品质好;栽秧晚,生长期短,结薯少而小,产量低,品质差。

(4)在栽插后 3～7 d 要及时查苗补苗,对补栽的薯苗要实行重点管理,赶上前苗。

(5)如遇大旱,应及时浇缓苗水,以利扎根成活。

(6)防治病虫害。

4.3.3　蔓叶伸长期

4.3.3.1　适宜气象条件

(1)日平均气温 21～26 ℃。

(2)土壤相对湿度以 60％～70％为宜。

(3)光照充足有利于光合作用。

4.3.3.2　不利气象条件

(1)当日平均气温低于 15 ℃时,茎、叶停止生长,当日平均气温低于 10 ℃,日最低气温低于 5 ℃时,茎、叶开始受冷害,当日平均气温低于 6 ℃,日最低气温低于 2 ℃时,茎、叶即受冷害而死。当日最高气温高于 38 ℃时,生长受抑制。

(2)甘薯移栽后常因干旱、病虫危害或栽插不当等原因造成死苗缺苗现象。

4.3.3.3　应对管理措施

(1)在薯蔓满田前,土壤裸露,易板结,也易滋生杂草,中耕是这一阶段特别重要的管理措施,一般进行 2～3 次。

(2)茎叶盛长,块根膨大,叶面积系数达到最大,一般在这一时期,要做到促中有控、控中有促。此期正值雨季,温度高,植株生长快,为防止徒长,可用 50 ppm 的多效唑溶液加地果壮蒂灵在田间均匀喷打,以叶面沾满药液而不流为佳,可促进果实发育,使甘薯优质高产。

(3)当甘薯主茎长至 50 cm 时,选晴好天气上午摘去顶芽;分枝长至 35 cm 时继续把顶芽摘除。此法可抑制茎蔓徒长,避免养分消耗,促进根块膨大,可增产20％～30％。

4.3.4　薯块形成期

4.3.4.1　适宜气象条件

(1)块根形成适宜的 10 cm 地温为 21～29 ℃。块根膨大适宜的日平均气温为

22~23 ℃,最低气温为 16~18 ℃。

(2)气温日较差大于 12 ℃。

(3)分枝结薯至蔓叶生长高峰期间,生理需水较多,土壤相对湿度以 70%~80% 为宜。

(4)甘薯是喜光作物,光照充足有利于光合作用。晴朗天气多,块根产量高。

4.3.4.2　不利气象条件

(1)10 cm 地温低于 20℃或高于 32 ℃均不利于块根形成。

(2)当日平均气温低于 15 ℃时,块根生长停滞。当日平均气温高于 30 ℃时,块根形成缓慢,呼吸消耗增大,不利于同化作用。

(3)甘薯虽喜光,但属短日照作物,每天日照时数为 8~10 h 能促进其开花,但不利于薯块的膨大,每天日照时数为 12~13 h,有抑制茎、叶生长,加速块根膨大作用。

(4)土壤中水分过多,易造成通气不良,妨碍薯块生成,并使秧蔓徒长。田间积水超过 24 h,减产 30%以上,积水超过 3 d,会造成烂薯以致绝产。

4.3.4.3　应对管理措施

(1)甘薯是怕涝作物,特别是坐薯期,要提前挖好排水沟,使雨水随下随走,不使田间积水。

(2)地下部块根迅速膨大期,如遇伏旱,需浇水,但水量不宜过大。

4.3.5　茎叶衰退—可收期

4.3.5.1　适宜气象条件

(1)天气晴好。

(2)土壤相对湿度以 60%~70% 为宜。

4.3.5.2　不利气象条件

(1)天气久旱无雨,土壤干旱,会使茎叶早衰影响碳水化合物的形成、积累,造成减产。

(2)田间积水,薯块易硬心或腐烂。

4.3.5.3　应对管理措施

(1)甘薯生长后期,茎叶由缓慢生长直至停滞;养分输向块根,生长中心由地上转到地下,管理上要保护茎叶维持正常的生理功能,促进块根迅速膨大。保证土壤含水量,以土壤相对湿度 60%~70% 为宜。

(2)遇干旱时,须及时浇小水,但在甘薯收刨前 20 d 内不宜浇水。

(3)若遇秋涝,要及时排水,以防硬心与腐烂。

(4)为防止早衰,延长和增强叶片的光合作用,促进薯块肥大,可进行叶面喷肥,每亩用磷酸二氢钾 250 g 兑水 30~40 kg,加新高脂膜 800 倍液进行喷打,每隔 15 d 喷一次,共喷 2 次。

(5)甘薯的块根是无性营养体,没有明显的成熟标准和收获期,但收获的早晚对甘薯产量、留种、贮藏、加工利用及轮作倒茬都有密切的关系,收获过早会降低产量,收获过晚会受低温冷害的影响。甘薯的收获适期,一般是在气温下降到 15 ℃时开始刨收,日平均气温在 10 ℃以上或 10 cm 地温在 12 ℃以上即刨收完毕。

4.4 亚麻

4.4.1 播种出苗期

4.4.1.1 适宜气象条件

(1)日平均气温 5 ℃左右,当 5 cm 地温稳定通过 7~8 ℃时播种为宜。

(2)亚麻种子具有在 1~3 ℃时发芽的特性,但发芽的最适温度为 20~25 ℃。

(3)发芽出苗时,土壤含水量应保持在 10%左右为宜。

(4)要求日照强度较弱。

4.4.1.2 不利气象条件

(1)播种过早,地温低,影响出苗,甚至出现烂种现象。

(2)日最高气温高于 26 ℃或日最低气温低于 14 ℃对幼苗生长不利。

4.4.1.3 应对管理措施

(1)亚麻根系不耐涝,应选择雨后不涝、旱而不干、保肥力强、无杂草的地块种植。不适宜选择沼泽土、渍水地、沙性易旱地种植。采取秋深耕、冬镇压、春季顶凌耙磨,播后根据墒情进行镇压等蓄水保墒办法。

(2)亚麻必须实行轮作倒茬,才能减轻病害,增产增收。应尽量将莜麦、豌豆、山药安排为亚麻前茬,避免将谷子、糜黍、荞麦安排为前茬。

(3)旱地亚麻必须重施底肥,杜绝白茬下种,做到氮磷配合。

(4)亚麻早播可以充分利用土壤解冻后的返浆水,提高出苗率;早播可延长苗子生长时间,使营养体生长好,为后期开花结果创造良好条件。

(5)亚麻在苗高 6~10 cm 时即可灌第 1 次水,注意灌水时要小水细灌,以免水势过大损伤幼苗。

4.4.2 现蕾枞形期

4.4.2.1 适宜气象条件

(1)日平均气温以 11~18 ℃为宜。

(2)要求日照强度较弱。

4.4.2.2 不利气象条件

干旱严重,亚麻营养生长受阻,植株矮小,下部叶片有枯黄现象,影响花芽分化。

4.4.2.3 应对管理措施

(1)亚麻此时根系生长较强,地上部分却生长缓慢,这时应抓紧时间中耕锄草,防止杂草和幼苗争夺养分,抑制幼苗生长,可在苗高 5~6 cm 时浅锄一次。

(2)现蕾到开花前灌第 2 次水,以满足植株在快速生长期对水分的需求。

4.4.3　开花期

4.4.3.1　适宜气象条件

(1)日平均气温以 18~20 ℃ 为宜。

(2)土壤含水量在 10% 左右为宜。

(3)开花到成熟阶段若光照充足,则有利于麻茎的营养生长和纤维发育。油用亚麻要求生育期间光照强,以利于分枝,增加蒴果数量和促进早熟,提高种子产量。

4.4.3.2　不利气象条件

(1)天气炎热,正值现蕾期,亚麻分枝少且短,花蕾紧缩在茎顶端,花朵开放极不整齐,而且早熟。

(2)亚麻抗病性强,适应性广,很少有病害发生。但生长中后期,日平均气温在 25~30 ℃ 时,则是病害的多发期。

4.4.3.3　应对管理措施

(1)开花后则根据天气情况适时浇水,但要注意尽量浅浇水,以免发生倒伏而减产。

(2)亚麻根系纤细,吸肥能力较弱,吸肥时间短而集中。研究结果表明:在枞形期吸收氮素最多,以后各期对氮素的吸收减少;在开花期吸收磷最多,其次是快速生长期和成熟期;钾素在开花和快速生长期吸收率较高。适时施氮肥,可增加产量,提高品质。

(3)生长期间如发现虫害应及时喷药,在虫害防治上及时采取连片、联防措施。

4.4.4　成熟期

4.4.4.1　适宜气象条件

(1)日平均气温以 18~20 ℃ 为宜。

(2)天气晴朗。

4.4.4.2　不利气象条件

后期降水多,容易发生"返青"现象,造成减产。

4.4.4.3　应对管理措施

亚麻适时早收有一定增产作用,一般可增产 5%,而且亚麻生育后期雨水多时,往往会发生返青现象,造成减产。因此,在亚麻茎下部叶变黄、部分脱落,有 75% 的蒴果发白变黄,多数籽粒摇动时沙沙作响,只有少数籽粒微有黏感时及时收获,打净晒干后入库贮藏。

第 5 章　食用菌气象服务指标

5.1　香菇

5.1.1　生长发育条件

(1)营养:香菇是一种水腐菌。香菇体内没有叶绿素,不能进行光合作用,而是依靠分解吸收木材或其他基质内的营养为生。木材中含有香菇生长发育所需的全部营养物质(碳源、氮源、矿物质及维生素等)。香菇具有分解木材中木质素、纤维素的能力,能将其分解转化为葡萄糖、氨基酸等,这些葡萄糖、氨基酸等即作为菌丝细胞直接吸收和利用的营养物质。

利用代料栽培时,加入适量富有营养的物质如米糠、麸皮、玉米粉等则可促进菌丝生长,提高产菇量。

(2)温度:香菇属变温结实性菌类。菌丝生长温度范围较广,为 5~32 ℃,适宜温度为 25~27 ℃,子实体发育温度在 5~22 ℃,以 15 ℃左右为最适宜。变温可以促进子实体分化。温度高,则香菇生长快,但肉薄、柄长、质量差,低温时生长慢,菌盖肥厚,质地较密,特别是在 4 ℃雪后生长的,品质最优,称为花菇。

(3)湿度:香菇菌丝生长期间对湿度要求要比出菇时低些,适宜菌丝生长的培养料含水量为 60%~65%,空气相对湿度为 70%左右,出菇期间空气相对湿度要保持在 85%~90%为适宜,一定的湿度差,有利于香菇生长发育。

(4)空气:香菇亦为好气性菌丝,对二氧化碳虽不如灵芝等敏感,但如果空气不流畅,环境中二氧化碳积累过多,就会抑制菌丝生长和子实体的形成,甚而导致杂菌滋生。所以,菇场应选择通风良好的场所,以保证香菇正常的生长发育。

(5)光线:香菇是好光性菌类。香菇菌丝虽在黑暗条件下也能生长,但子实体则不能发生,只有在适度光照下,子实体才能顺利地生长发育,并散出孢子。但强烈的直射光对菌丝生长和出菇都是不利的。光线与菌盖的形成、开伞、色泽有关。在微弱光下,香菇发生少,朵形小,柄细长,菌盖色淡。

(6)酸碱度

香菇菌丝生长要求偏酸的环境。菌丝在 pH 值 3~7 都可生长,以 pH 值为 4.5 左右最为适宜。栽培香菇时,场地不宜碱度过大;喷洒用水时,要注意水质;防治病虫害,最好不用碱性药剂。

香菇的生长发育条件是互相影响、互相关联的。从菌丝生长到子实体形成过程中,温度是先高后低,湿度是先干后湿,光线是先暗后亮。这些条件既相互联系,又相互制约,必须全面给予考虑,以免顾此失彼,才能达到预期的效果。

5.1.2　发育期

5.1.2.1　孢子

(1)适宜气象条件

在水中或适宜的培养液中,孢子萌发的最适温度为 22～26 ℃;在蒸馏水中能够萌发,但菌丝不能生长。香菇孢子在 24 ℃左右萌发最好,对高温的抵抗力弱,对低温的抵抗力较强。

(2)不利气象条件

在干燥状态下,温度过高时萌发力受损害导致孢子死亡;强烈的光照对孢子萌发有不利的影响。

(3)管理措施

选择合理的培养料配方,培养料要求有充足的营养,防止阳光直射。

5.1.2.2　菌丝

(1)适宜气象条件

菌丝生长最适环境温度为 24～27 ℃,菌丝在 0 ℃以上有微弱活动,5 ℃以上开始生长,15 ℃以上菌丝生长明显加快。香菇菌丝生长阶段,需要较干燥的环境,空气相对湿度以 60%～70%为宜。在锯木屑培养基中,菌丝体生长的最适含水量为 60%～70%;在菇木中适宜的含水量为 32%～45%,其中以 35%～40%最适宜。

(2)不利气象条件

棚内气温低于 10 ℃或高于 32 ℃时,菌丝生长不良,棚内气温达 35 ℃时,则停止生长,高于 38 ℃时,菌丝死亡。培养料含水量大于 70%或小于 32%时,菌丝成活率不高,含水量为 10%～15%时菌丝生长极差。菌丝生长阶段缺氧,菌丝生长会受阻,导致生长缓慢或停止生长,菌丝易衰老、死亡,从而导致污染。

(3)管理措施

1)采用暗光培养,发菌棚气温保持在 15～20 ℃,空气相对湿度以 65%为宜。养菇期间昼夜温差最好不要超过 5 ℃。

2)发菌期间根据气温、棚温、堆温、袋温的变化及时做好通风、散热、翻堆工作,防止缺氧、高温烧菌。

3)发菌间要防治霉菌、细菌及菇蚊、菇蝇、线虫等危害。保持环境清洁卫生,发现病虫害及时清除,并进行无害化处理。

5.1.2.3　子实体分化、发育

(1)适宜气象条件

子实体原基分化需要一定的温差刺激,一般需要 5～10 ℃的昼夜温差。子实体分化的最适温度为 10～12 ℃,发育的最适宜温度为 8～20 ℃。子实体发生、生长发

育需要较多的水分,子实体分化所需菌棒含水量一般为 $60\%\sim65\%$,空气相对湿度一般为 $85\%\sim90\%$;子实体原基形成后,子实体健全发育要求的外界周围小环境空气相对湿度为 $80\%\sim85\%$。

(2)不利气象条件

1)子实体发育时,如果棚内温度偏高,则子实体生长较快,菌盖薄,菌柄长,质地疏松,易开伞,品质较差。

2)子实体分化期间如果缺氧,原基则无法分化;发育期间缺氧,子实体会成畸形,菌柄长,菌盖小,菌褶难以形成。当菇房内二氧化碳浓度达 1% 时,子实体长不大,易开伞;达 5% 时,不能形成子实体。

3)对没有光照绝形不成子实体,分化后的原基在暗处有徒长的倾向,且盖小、柄长、色淡、肉薄、质劣。

(3)管理措施

1)保证棚内或茹房适宜的温度和通风换气,同时还必须保证有适当的相对湿度和光照。

2)香菇原基形成时适宜的棚内温度为 $10\sim20$ ℃,并要求有大于 10 ℃的昼夜温差。子实体分化期间采取干湿交替的方法进行喷水,出菇时菌棒含水量达到 $60\%\sim65\%$,空气湿度达到 $80\%\sim90\%$。

3)根据菌棒具体情况,可采取温差、干湿差、振动刺激等措施促进菇蕾发生。

4)合理进行人工疏蕾,每棒留菇 $6\sim8$ 朵。

5)当子实体成熟时及时采收,每天采 $3\sim5$ 次。适时采收的香菇,色泽好,菌肉厚,商品价值高;采收过晚,则菌伞展开,菌肉薄,重量轻,商品价值低。

6)及时清除菇根及地雷菇,防止滋生病虫害。每棚菇都需进行农药残留及重金属抽样检测。

5.2 平菇

5.2.1 生长发育条件

(1)营养:平菇在整个生长发育过程中需要的主要营养物质是碳素,如:木质素、纤维素、半纤维素以及淀粉、糖等。这些物质主要存在于木材、稻草、麦秸、玉米秸、玉米蕊、棉籽壳、油菜荚等各种农副产品中。在实际栽培中用上述物质作培养料即可满足平菇生长发育对碳素的要求。在培养料中加入少量的麸皮、米糠、黄豆粉、花生饼或微量的尿素、硫酸铵等,可满足平菇对氮素的要求。在平菇对碳、氮源利用过程中,营养生长阶段碳氮比以 $20:1$ 为宜,在生殖发育阶段以($30\sim40$):1 为宜。

(2)温度:平菇是低温型菌类,菌丝耐寒能力强,在 $-30\sim-20$ ℃也不致死亡,高于 40 ℃ 则死亡。菌丝生长温度范围在 $10\sim35$ ℃,最适生长温度为 $24\sim27$ ℃。

子实体生长期最适宜温度则为 13～17 ℃。

（3）湿度：水分是子实体的重要组成部分，鲜菇中含水量通常在 85％～92％。此外，其生长所需营养物质也都需溶于水后，才供应菌丝吸收。平菇栽培时培养料含水量要求在 60％～70％，要求培养室的空气相对湿度控制在 80％以下。平菇原基分化和子实体发育时，空气相对湿度应控制在 80％～90％，若低于 70％，子实体的发育就要受到影响。

（4）空气：平菇是好气性菌类。菌丝生长阶段如透气不良，则生长缓慢或停止，出菇阶段在缺氧条件下不能形成子实体或形成畸形菇，所以出菇阶段要注意通风换气。

（5）光照：平菇对光照强度和光质要求因不同生长发育期而不同。菌丝生长阶段完全不需要光线。子实体原基分化和生长发育阶段，需要一定的散射光。

（6）酸碱度：平菇喜欢偏酸性环境。适宜酸碱度的 pH 值为 5.5～6.5。但平菇具有对偏碱环境的忍耐力，在生料栽培时，培养料酸碱度的 pH 值在 8～9 时，平菇菌丝仍能生长，这一特性在实际栽培中有很大的意义。

5.2.2 发育期

5.2.2.1 孢子

（1）适宜气象条件

孢子形成的温度范围为 5～32 ℃，孢子形成适宜温度为 13～20 ℃，孢子萌发温度以 24～28 ℃最适宜。培养料含水量要求达 60％～70％。

（2）不利气象条件

如果培养料中含水量太高，则影响通气，影响孢子形成、萌发。

（3）应对管理措施

1）平菇生长发育过程中还需要微量的矿物质元素（如磷、镁、硫、钾、铁等）和维生素。所以在配制培养基时需加入 1％～1.5％的碳酸钙或硫酸钙，起到调节培养料的酸碱度，同时增加钙离子的作用。有时也可加入少量的过磷酸钙、硫酸镁、磷酸二氢钾等无机盐。此外，平菇生长发育还需要微量的钴、锰、锌、钼等金属元素和维生素，培养料中都应含有。

2）平菇栽培棚启用前，要先做好场地的防虫杀菌工作，扑灭菇蝇、杂菌等。

5.2.2.2 菌丝

（1）适宜气象条件

菌丝体生长的环境温度范围为 10～35 ℃，最适宜温度为 24～27 ℃。营养料含水量以 60％～65％为宜，空气相对湿度以 70％～75％为宜。菌丝生长期间不需要光照。

（2）不利气象条件

菌丝生长阶段若棚内透气不良，则生长缓慢或停止。如果棚内空气湿度过高，培养料就会吸水，培养料湿度提高后容易繁殖杂菌；但培养室过于干燥，培养料易失水也不利于出菇。若在强光照射下,菌丝生长速度则减慢 40% 左右。

（3）应对管理措施

1）保持棚内透气性良好,同时保证棚内空气湿度处于菌丝生长的适宜指标。

2）棚内喷洒杀菌剂如多菌灵、托布津时,若使用浓度过高,则影响菌丝生长,菇棚内使用农药时要注意使用浓度、方法和使用时期。

5.2.2.3   子实体分化、生长

（1）适宜气象条件

子实体形成的温度范围为 7~20 ℃,棚内气温在 13~17 ℃时下子实体发生快、生长迅速、菇体肥厚、产量最高。营养料含水量以 65%~70% 为宜,空气相对湿度以 80%~90% 为宜。子实体形成需要一定散射光。

（2）不利气象条件

当棚内气温低于 10 ℃时,子实体生长缓慢,高于 25 ℃时,子实体不易分化。若空气相对湿度小于 70%,子实体的发育将受到影响。直射光照射能抑制子实体形成或使表层的子实体干裂;在黑暗条件下平菇的菇柄细、菌盖小;而在很明亮的条件下,子实体原基不易形成,或形成之后菌柄又粗又短,菌盖不易展开,色泽很深。

（3）应对管理措施

1）控制好菇棚光照强度,有一定的散射光为好。

2）平菇是好气性真菌,菌丝和子实体的生长发育都需要氧气。菌丝生长对氧的需要量不太高,发菌前期,混在培养料中的氧就足够了,后期养菌室需要通风换气。子实体发育要求通气良好。如果二氧化碳过多,则抑制子实体的形成和发育,甚至形成畸形菇。

3）采收成熟的子实体时,动作要轻,用锋利的小刀沿子实体根部割下,避免振动,碰伤幼菇。

5.3   滑子菇

5.3.1   菌丝

5.3.1.1   适宜气象条件

控制菌袋温度在 10~15 ℃之间,空气相对湿度在 60%~70% 之间;滑子菇菌丝生长最适宜的环境温度为 22~25 ℃,空气相对湿度以 60%~70% 为宜,菌丝培养料含水量以 60%~65% 为宜。

5.3.1.2   不利气象条件

当棚内气温低于 5 ℃或高于 32 ℃时,菌丝生长停止,当棚内气温高于 40 ℃时,菌丝很快死亡。空气湿度过低会影响产量,而空气湿度过高则容易滋生霉菌。菌丝生长阶段缺氧,菌丝生长会受阻,导致生长缓慢或停止生长,菌丝易衰老、死亡,从而

导致污染。

5.3.1.3 管理措施

(1)发菌期要特别注意菇房空气清新,室内要保持干燥,切忌闷热潮湿,室温不能超过30℃,可在窗前搭棚遮光,防止阳光直射。

(2)发菌间要防治霉菌、细菌等病虫害的发生。保持环境清洁卫生,发现病虫害及时清除,并进行无害化处理。

5.3.2 子实体形成、生长

5.3.2.1 适宜气象条件

子实体在10~18℃的环境温度下生长较为适宜,昼夜温差10~12℃有利于原基形成;子实体形成阶段培养料含水量以75%~80%为最好,空气相对湿度要求在85%~95%。

5.3.2.2 不利气象条件

当棚内气温高于20℃时,子实体菌盖薄,菌柄细,开伞早;当棚内气温低于5℃时,子实体生长缓慢。空气湿度过低会影响产量,但若菌袋表面积水又会导致烂菇,且容易滋生霉菌。

5.3.2.3 管理措施

(1)保证适宜的温度和通风换气,同时还必须保证有适当的相对湿度和光照,昼夜温差保持在10~12℃之间。

(2)在菌蕾形成阶段,不要直接向基质喷水,可逐渐加大空气相对湿度。

(3)防止病菌滋生。

5.4 杏鲍菇

5.4.1 菌丝

5.4.1.1 适宜气象条件

菌丝生长适宜的环境温度为22~25℃,培养料的含水量以60%~65%为宜,空气相对湿度要求在60%~70%。

5.4.1.2 不利气象条件

当棚内气温低于20℃时,菌丝生长速度减慢;当棚内气温高于25℃时,菌丝生长虽快,但纤细无力,容易衰老导致死亡。

5.4.1.3 管理措施

(1)采用暗光培养。

(2)发菌期间根据气温、棚温、堆温、袋温的变化及时做好通风、散热、翻堆工作,防止缺氧、高温烧菌。

(3)发菌间要防治霉菌、细菌等病虫害的发生。保持环境清洁卫生,发现病虫害及时清除,并进行无害化处理。

5.4.2 子实体形成、生长

5.4.2.1 适宜气象条件

子实体原基分化的适宜温度为 12～15 ℃,子实体生长的适宜温度为 10～18 ℃,最适宜的环境温度为 15 ℃左右;子实体形成和发育阶段,空气相对湿度要求分别为 85％～90％和 95％左右;培养料含水量在 65％～70％之间更适合子实体发生和生长。

5.4.2.2 不利气象条件

当棚内气温高于 18 ℃时,子实体生长快,菇体细长,组织松软,品质下降;当棚内气温低于 8 ℃时,子实体生长缓慢,菌盖颜色加深,呈灰黑色,有的菌株则不能生长。空气湿度太低,子实体会萎缩,原基干裂。

5.4.2.3 管理措施

(1)保证适宜的温度和通风换气,同时还必须保证有适当的空气湿度和光照。

(2)防止细菌、木霉及菇蝇等病虫害的发生。

5.5 双孢菇

5.5.1 菌丝

5.5.1.1 适宜气象条件

菌丝生长的温度范围为 5～32 ℃,但菌丝生长的适宜环境温度为 22～24 ℃。菌丝生长阶段,要求培养料的含水量为 60％～65％。棚内要有充足的新鲜空气,空气相对湿度在 60％～75％之间。

5.5.1.2 不利气象条件

当棚内气温低于 5 ℃时,菌丝生长缓慢;当棚内气温高于 25 ℃时,菌丝生长虽快,但纤细无力,容易衰老;当棚内气温高于 32 ℃时,菌丝易衰老或发黄、倒伏,以至于停止生长。培养料的含水量小于 50％则菌丝生长缓慢,绒毛菌丝多而纤细,不易形成子实体;含水量大于 70％则培养料内氧气含量减少,双孢菇菌丝体生长同样会受到影响;覆土层的湿度过小则会影响菌丝体发育,并使双孢菇品质下降。

5.5.1.3 管理措施

(1)发菌期要特别注意菇房空气清新,室内要保持干燥,切忌闷热潮湿,棚室温不能超过 30 ℃,可在窗前搭棚遮光,防止阳光直射。

(2)发菌间要防治霉菌、细菌及菇蚊、菇蝇、线虫等的危害。保持环境清洁卫生,发现病虫害及时清除,并进行无害化处理。

5.5.2　子实体形成、生长

5.5.2.1　适宜气象条件

子实体形成时温度以 15～18 ℃为最适宜,子实体生长发育的适宜温度为 10～18 ℃,最适温度为 13～16 ℃。子实体生长阶段培养料的含水量以 65%左右为宜,空气相对湿度以 85%～90%为宜。

5.5.2.2　不利气象条件

当棚内温度高于 19 ℃时,子实体生长快,菇柄细长,肉质疏松,伞小而薄,且易开伞;当棚内温度低于 12 ℃时,子实体长速减慢,敦实,菇体大,菌盖大而厚,组织紧密,品质好,不易开伞。子实体发育期对温度非常敏感,特别是升温。菇蕾形成后至幼菇期遇突发高温会成批死亡。子实体生长发育期间空气相对湿度长时间高于 95%,极易发生病原性病害和喜湿杂菌的危害。

5.5.2.3　管理措施

(1)保证适宜的温度和通风换气,同时还必须保证有适当的相对湿度和光照。

(2)防止病菌滋生。

5.6　其他菌类

5.6.1　银耳

孢子:环境温度在 15～32 ℃均能萌芽成菌丝,以 22～24 ℃最为适宜。

菌丝:菌丝生长的环境温度范围为 6～34 ℃,在 22～26 ℃时长得最好。

子实体:生长适宜环境温度为 20～24 ℃。接种时,段木含水量以 42%～47%为宜,木屑培养料含水量以 65%～70%为宜。子实体发生时,段木木质部含水量以 42%～47%为宜,树皮含水量以 44%～50%为宜,空气相对湿度以 80%～95%为宜。

5.6.2　木耳

孢子:环境温度在 22～28 ℃时,孢子发芽速度最快,当环境温度为 5～15 ℃时,孢子实体仅产生少量孢子,当环境温度高于 36 ℃时则不能产生孢子。

菌丝:菌丝生长环境温度范围为 4～36 ℃,以 22～30 ℃为最适宜。菌丝生长时期培养料含水量以 60%～70%为宜,段木含水量以 70%～80%为宜。

子实体:子实体发生的环境温度范围是 15～32 ℃,以 20～28 ℃为最适宜,空气相对湿度以 90%～95%为宜,小于 70%则子实体不能形成。

5.6.3　猴头

菌丝体:生长的环境温度范围为 12～33 ℃,以 21～25 ℃最为适宜。

子实体:子实体形成的温度范围为 12～24 ℃,以 15～22 ℃为最适宜。子实体形成期必须有 10～20 lx 的散射光照。培养料含水量为 60%左右、空气相对湿度以 85%～95%最为适宜。

5.6.4 草菇

菌丝:菌丝生长的环境温度范围为 15～45 ℃,以 35 ℃左右最为适宜,当环境温度高于 40 ℃时,生长速度急剧下降;当环境温度低于 10 ℃时,则停止生长;当环境温度低于 5 ℃或高于 45 ℃时,会致使菌丝死亡。培养料含水量要求为 60%～70%,生长期空气相对湿度要求为 80%左右,出菇期间空气相对湿度应保持在 90%以上。

5.6.5 金针菇

菌丝体:生长最适宜的环境温度为 24～28 ℃。

子实体:子实体生长以环境温度以 8～10 ℃为宜,气温高于 19 ℃则不能形成子实体。要求培养料中含水量为 70%～80%,小于 60%或大于 90%均造成生长不良。

5.6.6 黑平菇

菌丝:在温室内要注意遮光,室温保持在 8～17 ℃为宜。

子实体:子实体发育的最适宜温度为 20～25 ℃,生长的最适宜温度为 10～15 ℃,30～45 d 即可发满菌丝并开始出现子实体。

第6章　蔬菜气象服务指标

6.1　日光温室黄瓜

6.1.1　播种至出苗期

6.1.1.1　适宜气象条件

（1）种子发芽适宜的温度为白天气温保持在 25～30 ℃ 为宜,夜间气温则保持在 15～18 ℃ 为宜;子叶出土后,温度适当降低,白天气温为 22～25 ℃,夜间气温为 15～18 ℃。

（2）土壤相对湿度以 60%～70% 为宜。

（3）日光温室内空气相对湿度以 80%～90% 为宜。

6.1.1.2　不利气象条件

（1）当白天最高气温低于 20 ℃ 时,则种子发芽缓慢,当白天最高气温高于 35 ℃ 时,则发芽率降低;夜间气温为 12～13 ℃ 时,种子不发芽。

（2）寡照天气不利于幼苗生长。

6.1.1.3　应对管理措施

幼苗期当光照过强时,应适当遮光,减少光照;大放风,使空气流畅,防止因温度过高而使幼苗徒长;勤灌水,使土壤见干见湿,每次浇水应在早晨进行,应勤浇少浇,保持土壤一定湿度,以降低地温;防止雨水漏入室内,雨后还要及时放风排湿。

6.1.2　嫁接幼苗期

6.1.2.1　适宜气象条件

（1）黄瓜嫁接后的 4～5 d 内,日光温室内白天气温保持 28～30 ℃ 为宜,夜间气温保持 18～20 ℃ 为宜。嫁接前 7 d 进行低温炼苗,白天气温控制在 20～24 ℃,夜间气温控制在 10～12 ℃。

（2）嫁接缓苗期土壤相对湿度应以 95% 左右为宜。

（3）日光温室内空气相对湿度以 80%～90% 为宜。

6.1.2.2　不利气象条件

未经低温锻炼的植株,嫁接后,当日光温室内最低气温为 5～10 ℃ 时,幼苗就会受到寒害,最低气温为 2～3 ℃ 时,幼苗就会冻死。

6.1.2.3　应对管理措施

黄瓜嫁接后,为促进伤口愈合,提高嫁接苗成活率,应重点加强保温、保湿、遮光等管理。嫁接后 1~2 d,若为晴天则应遮光防晒,2~3 d 后逐渐见光,4~5 d 全部去掉遮阳网。5 d 以后逐渐从拱棚上部开口放风降温,白天气温保持 25~28 ℃,夜间保持 15~18 ℃。7 d 以后,待黄瓜接穗明显生长时,即可开始通风、降温、降湿,进入正常苗期管理。嫁接缓苗期间还须及早抹去南瓜砧木萌发的侧芽,以免影响黄瓜接穗生长。

6.1.3 定植期

6.1.3.1 适宜气象条件

(1)定植后,10 cm 地温应保持 15 ℃以上,以 20~25℃最为适宜。

(2)定植 7 d 内可适当提高温度促进缓苗,白天气温为 28~32 ℃,夜间气温为 18~20 ℃,土壤相对湿度可控制在 90%左右,缓苗后可适当降低温湿度,即白天气温为 25~30 ℃,夜间气温为 12~15 ℃,土壤相对湿度以 70%~80%为宜。

6.1.3.2 不利气象条件

(1)当温室内气温高于 40 ℃,或 10 cm 地温低于 15 ℃时,则幼苗生长缓慢。

(2)土壤湿度过大,容易引起烂根。

(3)阴天寡照、大风、强降温等天气。

6.1.3.3 应对管理措施

(1)注意及时放风、勤浇水、适当松土,室外降水时关闭风口。

(2)浇水应选在晴天上午进行,遇强降温和阴天时,暂不浇水。

(3)浇水后或阴雨天时,如果室内湿度持续偏高,则需要通过放风调节湿度,并注意预防蔬菜病害。

(4)大风降温天气来临前,压紧棚膜,注意保温。

6.1.4 甩条发棵期

6.1.4.1 适宜气象条件

(1)白天适宜气温为 24~28 ℃,夜间适宜气温为 14~18 ℃。

(2)土壤相对湿度以 80%~90%为宜。

(3)日光温室内空气相对湿度以 80%~90%为宜。

6.1.4.2 不利气象条件

(1)日光温室内气温低于 10 ℃时,呼吸作用、光合作用、光合产物的运转及受精等生理活动都会受到影响,甚至停止。

(2)阴天寡照、大风、强降温等天气。

6.1.4.3 应对管理措施

(1)日光温室内温度不能满足黄瓜正常生长发育需求时,室内需采取加温措施,以提高温室内温度。

(2)遇连续寡照天气时,日光温室内应进行人工补光。

(3)日光温室内若空气湿度持续偏高,则应注意预防病害发生。

6.1.5　结果期

6.1.5.1　适宜气象条件

(1)黄瓜结果期白天适宜气温为 25～30 ℃,夜间为 13～15 ℃,昼夜温差以 10～15 ℃为宜。

(2)土壤相对湿度以 70%～80% 为宜。

(3)空气相对湿度以 80%～90% 为宜。

6.1.5.2　不利气象条件

(1)日光温室内最低气温低于 8 ℃,则影响结果。

(2)出现强降雪、低温寡照、大风等灾害性天气,易造成日光温室棚膜损坏,室内温度降低。

6.1.5.3　管理措施

连阴天时,在不影响温室内蔬菜对温度要求的情况下,白天尽量揭开草苫子,使蔬菜接受散射光,不可以连续几天不揭草苫子,有条件的可以适当补光;连阴骤晴时,要使蔬菜植株有逐渐见光的过程,不可一次全部揭开草苫;勿使温室内湿度太高;温度偏低时,可在室内临时加温防寒。

6.1.6　黄瓜病害指标

(1)灰霉病:温度 20 ℃左右、阴天光照不足、空气相对湿度在 90% 以上、结露时间长会导致灰霉病发生蔓延。

(2)疫病:在高温高湿的条件下容易流行。病菌发育的最适温度为 28～30 ℃,土壤湿度大时易发病,浇水过多或水量过大,田间潮湿发病重。

(3)霜霉病:该病发生必须具备相应的湿度和温度,两者缺一不可。发病最适温度为 16～24 ℃。空气相对湿度>85% 时,易发病;空气相对湿度<60% 时,病菌不能产生孢子囊。

(4)炭疽病:发病最适温度为 20～27 ℃,空气相对湿度大于 95%,叶片有露珠时利于发病。土壤黏性、排水不良、偏施氮肥、光照不足、通风不及时,发病重。在适温范围内,空气湿度越大,发病越重。

6.2　日光温室西葫芦

6.2.1　播种育苗期

6.2.1.1　适宜气象条件

(1)播种育苗期适宜温度为白天气温以 25～30 ℃为宜,夜间气温以 15～20 ℃为宜。

(2)土壤相对湿度以 70%～80% 为宜。

6.2.1.2　不利气象条件

当气温低于 13 ℃ 或高于 40 ℃ 时,种子不发芽。

6.2.1.3　应对管理措施

播种育苗期适宜进行温度动态管理,具体措施为:播种后日光温室内白天气温控制在 28～30 ℃,夜间气温控制在 18～20 ℃,有利于提高地温;在幼苗出土后,及时降低气温,白天气温控制在 20～25 ℃ 为宜,夜间气温以 10～15 ℃ 为宜;真叶开始生长后,可适当提高苗床温度,白天适宜气温为 22～28 ℃,夜间气温在 15 ℃ 左右。

6.2.2　定植期

6.2.2.1　适宜气象条件

(1)定植期适宜温度为白天气温以 22～32 ℃ 为宜,夜间气温以 12～20 ℃ 为宜。

(2)土壤相对湿度以 70%～80% 为宜。

6.2.2.2　不利气象条件

定植缓苗期出现寒潮、连阴天、寡照天气,易造成日光温室内光照弱,温度降低。

6.2.2.3　应对管理措施

(1)幼苗定植到缓苗期间,日光温室内气温也需实行动态管理,具体措施为:幼苗定植以后需提高室内的温度,这时白天气温可提高到 25～32 ℃,夜间气温以 15～20 ℃ 为宜,以便快速缓苗。缓苗后应当降低温度,白天气温控制在 22～26 ℃,夜间气温以 12～16 ℃ 为宜。

(2)一般需选在晴天的上午进行定植。

(3)白天注意通风排湿、降温,夜间注意关闭风口以防寒。在保证适宜温度的前提下要早揭草苫、晚盖草苫,尽量延长光照时间,以促根壮苗为重点。注意大风天气及时加固棚膜草苫,防止大风灾害。

6.2.3　花果期

6.2.3.1　适宜气象条件

(1)西葫芦开花坐果期适宜的温度条件是日光温室内白天气温以 22～28 ℃ 为宜,夜间气温以 15～18 ℃ 为宜。

(2)土壤相对湿度以 70%～80% 为宜。

(3)空气相对湿度以 45%～55% 为宜。

6.2.3.2　不利气象条件

(1)当气温高于 30 ℃ 时,易发生徒长。

(2)强降雪、低温寡照、大风等天气,不利于日光温室西葫芦开花坐果。

6.2.3.3　应对管理措施

(1)开花坐果后,白天日光温室内气温控制在 25～28 ℃,夜间气温以 15～

18 ℃为宜。若遇低温寡照天气,日光温室内气温宜从低掌握,白天气温可降到22～25 ℃,夜间气温为10～12 ℃,以减少呼吸消耗。连阴天过后,须逐渐提高温度,增加光照,以促使作物生长,但须控制白天最高气温低于30 ℃,夜间气温高于10 ℃,昼夜温差大于8 ℃为最适宜。

(2)在严冬季节不能过多放风的情况下,空气湿度不易降下来,首先要有效地控制地面水分蒸发,方法是地面要覆盖地膜,在膜下暗灌。一般在浇水之后要抢时间放风。空气湿度大时,也要在温度条件允许的情况下,争取在中午前后放一阵风,以排除空气中的水汽。

(3)大风前及时加固草苫和棚膜,大雪天加固棚架,及时除去积雪。

6.2.4　主要病虫害指标

(1)蚜虫:日光温室内高温、干旱有利于蚜虫繁殖、迁飞活动。蚜虫在气温为20 ℃左右,空气干燥的条件下繁殖迅速,高温高湿则不利于繁殖。

(2)病毒病:高温、干旱、光照强的条件下发病重。

(3)灰霉病:日光温室内气温在20 ℃左右、阴天光照不足、空气相对湿度在90%以上、结露时间长会导致灰霉病发生蔓延。

(4)白粉病:白粉病发病的温度范围为10～25 ℃,最适宜温度为20～25 ℃,一般夜间气温低、早晨植株上结露水,若管理粗放,则发病严重。

(5)白粉虱:白粉虱繁殖速度快,在日光温室内一年可完成10代,在26 ℃条件下,完成1代约需25 d。

6.3　日光温室番茄

6.3.1　播种发芽期

6.3.1.1　适宜气象条件

(1)播种发芽期白天适宜气温为28～30 ℃,最高气温低于35 ℃,夜间气温维持在15 ℃以上。

(2)土壤相对湿度以60%～80%为宜。

6.3.1.2　不利气象条件

日光温室内气温高于35 ℃,则对发芽不利,最低气温低于12 ℃,则影响种子发芽。

6.3.1.3　应对管理措施

(1)出苗前,为了促进出苗,日光温室内气温控制在25～28 ℃,床土温度以15～20 ℃为宜;出苗后保持充足的光照,使气温适当降低,白天室内气温保持在25 ℃左右,夜间气温以15～18 ℃为宜;幼苗2叶1心时,进行分苗。分苗后使气温适当提高,白天以 25~28 ℃为宜,夜间维持在 17~18 ℃;当幼苗生长时,说明已经缓苗,此时再降低温度,白天以 20~26 ℃为宜,夜间为 12~13 ℃。

(2)做好"六防",即防强光、防雨淋、防干旱、防高温、防蚜虫、防伤根。

6.3.2 幼苗期

6.3.2.1 适宜气象条件

日光温室内白天气温维持在 20~25 ℃,夜间气温维持在 10~15 ℃为适宜。

6.3.2.2 不利气象条件

当日光温室内气温高于 35 ℃时,会抑制幼苗生长。

6.3.2.3 应对管理措施

利用番茄幼苗期对温度有较强适应性的特点,进行适当的低温锻炼,可以明显提高番茄的抗寒性。

6.3.3 移栽生长期

6.3.3.1 适宜气象条件

(1)白天日光温室内气温以 25~28 ℃为适宜,最高气温低于 30 ℃,夜间气温控制在 15~17 ℃,最低气温高于 8 ℃。

(2)土壤相对湿度以 70%~80%为宜。

(3)日光温室内空气相对湿度保持在 50%~60%为最佳。

6.3.3.2 不利气象条件

(1)夜间日光温室内气温低于 10 ℃,或短时低于 8 ℃,番茄则停止生长。

(2)连阴寡照、大风天气,易导致日光温室内气温降低。

6.3.3.3 应对管理措施

日光温室注意做好防风、保温措施。

6.3.4 开花期

6.3.4.1 适宜气象条件

(1)白天日光温室内适宜气温为 20~30 ℃,夜间适宜气温为 15~20 ℃。

(2)空气相对湿度以 60%~70%为宜。

(3)土壤相对湿度以 60%~80%为宜。

6.3.4.2 不利气象条件

(1)白天气温低于 15 ℃时,开花授粉及花粉管的伸长都会受到抑制;开花前 5~9 d 白天气温高于 35 ℃,或开花至花后 2~3 d 白天气温高于 33 ℃,花粉管伸长会受到抑制,花粉发芽困难,不利于花期的正常发育及开花,且易引起落花。

(2)强降雪、低温寡照、大风等灾害性天气易造成日光温室内气温明显下降。

6.3.4.3 管理措施

(1)预防大风、强降温灾害,遇强冷空气影响时要注意增强防冻保暖措施,如增加无纺布、双层或多层草苫覆盖物等,同时需用压膜绳压紧棚膜,以提高抗风能力。

(2)阴天或浇水后注意通风排湿防病,及时用药防治病虫害。

(3)及时疏花疏果,提高番茄开花后坐果率。

6.3.5　结果期

6.3.5.1　适宜气象条件

(1)盛果期白天适宜气温为 20～25 ℃,夜间适宜气温为 14～17 ℃。

(2)空气相对湿度以 60%～70% 为宜。

(3)土壤相对湿度以 60%～80% 为宜。

6.3.5.2　不利气象条件

(1)白天气温高于 35 ℃ 或低于 15 ℃,则番茄红素不能形成,不利于着色。

(2)夜间温度过高,不利于营养物质的积累,果实发育不良。

(3)高温日晒会发生果实日灼病,干旱缺钙常产生脐腐病。

6.3.5.3　管理措施

(1)注意通风降温、排湿,并防止夜温过高。

(2)高温高湿、低温高湿或高水肥、通风透光差的条件下,易造成病虫害的猖獗和蔓延,注意实时监控和防治。

6.3.6　番茄病虫害指标

(1)灰霉病:温度 20 ℃ 左右、阴天光照不足、空气相对湿度在 90% 以上、结露时间长会导致灰霉病发生蔓延。

(2)疫病:在高温高湿的条件下容易流行。病菌发育的最适温度为 28～30 ℃,土壤湿度大时易发病,浇水过多或水量过大,田间潮湿发病重。

(3)叶霉病:低温、高湿是该病发生流行的主要条件,湿度是其发生、流行的主要因素。气温为 20～25 ℃,空气相对湿度在 90% 以上病菌繁殖迅速,病情发生严重。种植过密、多年重茬、放风不及时、大水漫灌、湿度过大等都有利于该病发生。

(4)病毒病:高温高湿易发生病毒病。

(5)白粉虱:发育的起点温度为 7.2 ℃,成虫最适温度为 25～30 ℃,温度高于 40.5 ℃ 成虫活动能力下降。

6.4　日光温室辣椒(青椒)

6.4.1　播种发芽期

6.4.1.1　适宜气象条件

(1)种子发芽的温度范围为 15～30 ℃,以 25～26 ℃ 为最适宜温度。

(2)从播种到种子发芽出土,白天适宜气温为 25～30 ℃,夜间适宜气温为 18～20 ℃。

6.4.1.2 不利气象条件

当夜间气温低于 10 ℃或白天气温高于 35 ℃时,种子不能发芽。

6.4.1.3 应对管理措施

出苗后避开中午强光高温,注意遮阴,且注意做好防病虫害、防雨淋、防伤根工作。

6.4.2 幼苗期

6.4.2.1 适宜气象条件

(1)幼苗期白天适宜气温 25～30 ℃,夜间适宜气温 15～18 ℃。昼夜温差以 7～10 ℃为宜。蹲苗时白天气温保持在 23～28 ℃,夜间气温保持在 15～18 ℃。

(2)空气相对湿度以 60%～75%为宜。

6.4.2.2 不利气象条件

苗期温度过低,会使幼苗生长缓慢,有僵化趋势。

6.4.2.3 应对管理措施

(1)在适宜温度条件下,种子 6～7 d 可出苗,70%苗出齐后,将床面上覆盖的塑料薄膜揭去,适当降温,白天气温控制在 23～28 ℃,夜间气温控制在 15～17 ℃,以利于蹲苗。

(2)定植应在阴天或多云天进行,或在晴天的傍晚进行,以防止幼苗打蔫。注意通风,白天气温不宜超过 30 ℃,夜间不低于 18～16 ℃。

(3)苗期使日光温室内气温适当高些,则分枝多,花芽分化多,发育早。但当使气温适当降低些,特别是适当降低夜间气温,则可使植株第一穗花的花芽节位有降低的趋势。

6.4.3 开花结果期

6.4.3.1 适宜气象条件

(1)白天日光温室内适宜气温为 20～27 ℃,夜间适宜气温为 15～20 ℃。

(2)土壤相对湿度以 55%为宜。

(3)空气相对湿度以 60%～75%为宜。

6.4.3.2 不利气象条件

(1)日光温室内气温高于 35 ℃,则花期发育不全或柱头干枯,不能授粉受精,造成落花;当白天气温高于 38 ℃且夜间气温高于 32 ℃时,几乎不结实;当白天气温高于 27 ℃、夜间气温高于 21 ℃时,则结果率不足 50%。

(2)强降雪、低温寡照、大风等灾害性天气,易使日光温室内温度降低。

(3)高温、干旱、强光下,易诱发病毒病及果实日灼病。

6.4.3.3 管理措施

(1)加强水肥管理,初花期适当施用氮磷钾肥;开花期和盛花坐果期增加施肥量;

盛果期补充氮钾肥。定植时只浇少量水,门椒采收后经常浇水保持土壤湿润。一般结果期前 7 d 左右浇一次水,结果盛期 4～5 d 浇一次水。浇水宜在晴天上午进行,采用滴灌或膜下暗灌。

(2)注意预防大风降温、连阴寡照天气给蔬菜生产带来不利影响,增强防冻保暖措施,增加无纺布、双草苦覆盖等;加强透光管理,有条件的可增加光照;注意对散射光的利用;通过通风和保温措施严格控制好昼夜温度。

6.5 日光温室茄子

6.5.1 播种发芽期

6.5.1.1 适宜气象条件
(1)播种发芽期白天适宜气温为 25～35 ℃,夜间适宜气温为 11～18 ℃。

6.5.1.2 不利气象条件
(1)恒温条件下发芽不良。

(2)土壤湿度过大,不利于发芽。

6.5.1.3 应对管理措施
(1)在昼夜变温条件下种子发芽较好,具体措施:播种后使气温维持在 30 ℃,持续 16 h,然后使气温降至 20 ℃,持续 8 h,可使种子发芽快且出苗整齐。

(2)注意预防种芽病虫害,避免雨淋。高温季节,要小水勤浇,使土壤不干不裂即为土壤湿度适宜。

6.5.2 定植期

6.5.2.1 适宜气象条件
(1)白天温室内气温保持在 25～30 ℃,夜间保持在 15 ℃左右。

(2)土壤相对湿度以 70%～80% 为宜。

(3)空气相对湿度以 65%～75% 为宜。

6.5.2.2 不利气象条件
(1)当夜间气温低于 15 ℃,影响植株生长;当白天气温在 35～40 ℃时,茄子茎、叶将出现轻微伤害;当气温达到 45 ℃持续几小时,茄子就会发生日灼病,引起叶脉间坏死。

(2)土壤湿度过高,容易沤根。

6.5.2.3 应对管理措施
(1)定植前 10～15 d,可对幼苗进行低温锻炼,白天气温维持在 20 ℃左右,夜间气温则不高于 15 ℃为宜。

(2)注意通风降温,防止日光温室内气温过高影响茄子正常生长。

6.5.3　开花结果期

6.5.3.1　适宜气象条件

(1)开花期白天适宜气温为 25～30 ℃,夜间气温 15～20 ℃,昼夜温差保持在 10 ℃左右。

(2)结果期白天最适宜气温为 25～28 ℃,夜间气温为 18～20 ℃。

6.5.3.2　不利气象条件

(1)在开花前 7～15 d,若夜间气温低于 15 ℃或者白天气温高于 30 ℃,则容易产生没有受精能力的花粉粒,即使结果也会是畸形果。开花期若气温低于 20 ℃,则影响授粉、受精和果实生长,

(2)结果期夜间温度较低易引起落果和形成畸形果。

(3)光照弱,易造成茄子落花率高、畸形果多、果实皮色暗。

6.5.3.3　应对管理措施

(1)开花结果期日光温室内的气温原则上不低于 15 ℃,且避免高于 35 ℃的高温,当温室内气温高于 32 ℃时,应及时通风降温,有利于果实生长。

(2)增强防冻保暖措施,如增加无纺布、双草苫覆盖等。加强透光管理,延长光照时间,连续阴天时注意对散射光的利用,必要时进行人工补光、增温,严格控制好昼夜温度。

6.5.4　主要病虫害指标

(1)灰霉病:日光温室内气温在 20 ℃左右、阴天光照不足、空气相对湿度在 90%以上、结露时间长会导致灰霉病发生蔓延。

(2)枯萎病:日光温室内气温为 25～28 ℃,土壤潮湿时,有利于发病。

(3)立枯病:病菌发育的最低温度为 13 ℃,最适温度为 24 ℃,最高温度为 42 ℃,日光温室内高湿条件利于该病发生。苗床温暖多湿,通风不良,幼苗徒长时也容易发病。

(4)黄萎病:地温低于 15 ℃易引起黄萎病暴发。

6.6　日光温室芹菜

6.6.1　播种出苗期

6.6.1.1　适宜气象条件

(1)种子发芽适宜的温度范围为 15～20 ℃。幼苗期白天日光温室内气温以 15～20 ℃为宜,夜间气温以 7～10 ℃为宜。

(2)土壤相对湿度以 60%～80%为宜。

6.6.1.2　不利气象条件

土壤湿度过高,不利于种子发芽。

6.6.1.3　管理措施

(1)出苗后需多次疏苗、间苗。

(2)幼苗应避免雨淋,伏天育苗注意调控日光温室内气温,避免湿度过高。

6.6.2　叶丛生长期

6.6.2.1　适宜气象条件

(1)叶丛生长初期,日光温室内 24 h 气温以 18～24 ℃为宜,叶丛生长盛期至心叶充实期,室内气温以 12～22 ℃为宜。

(2)土壤相对湿度以 60%～80% 为宜。

(3)空气相对湿度以 60%～70% 为宜。

6.6.2.2　不利气象条件

(1)当日光温室内气温高于 20 ℃时,芹菜易发生病害。

(2)当日光温室内气温高于 28 ℃时,芹菜生长受到抑制,且叶柄增厚,角质组织和维管束发达,严重时造成叶柄中空,植株老化,品质下降。

(3)低温、干旱则抑制芹菜生长;突发性高温、高湿条件,容易造成植株组织充水,叶柄开裂。

(4)冷凉、高湿条件,芹菜易发生枯斑病;高温、高湿条件,使植株生长较弱,易发生斑点病。

6.6.2.3　应对管理措施

(1)当日光温室内气温高于 25 ℃时,就要及时放风降温。低温时注意保温,增加覆盖物。

(2)即使遇到连阴天,也要坚持短时间通风换气,以利于降低温室内湿度。随着天气转冷,逐渐缩短放风时间。

(3)施足有机肥,注意水分的均匀管理,防止叶柄开裂。

(4)注意防治病虫害。

6.6.3　主要病虫害指标

(1)斑点病:斑点病又称早疫病。当日光温室内白天温暖,夜间气温在 15 ℃左右,并有结露,且芹菜脱肥、长势弱时,最有利于该病害的发生和流行。

(2)立枯病:立枯病发病的适宜气温为 17～28 ℃,当日光温室内气温低于 12 ℃或高于 30 ℃时,病菌发育受到抑制,不易发病。

(3)枯斑病:在冷凉和高湿的条件下易发生,日光温室内气温为 20～25 ℃,空气相对湿度在 95% 以上时发病严重。

6.7 露地甘蓝(春季)

6.7.1 发芽—幼苗期

6.7.1.1 适宜气象条件

(1)甘蓝种子发芽的适宜温度条件为日平均气温 18～25 ℃。

(2)春季露地栽培甘蓝,需在 10 cm 地温稳定通过 5 ℃、日平均气温稳定通过 8 ℃后,进行定植。

(3)6～8 片叶的壮苗能忍耐较长时间−2～−1 ℃及较短时间的−5～−3 ℃的低温。经过低温锻炼的幼苗可忍耐−15 ℃的低温。

6.7.1.2 不利气象条件

(1)早春气候异常,苗期气温偏高,幼苗生长过快,遇"倒春寒",易发生未熟抽薹。

(2)当日平均气温高于 30 ℃时,幼苗生长将停止。

6.7.1.3 应对管理措施

(1)选择排水良好、肥沃的沙壤土田作育苗床,播种前苗床施足底肥,一般每亩施过磷酸钙 15～20 kg、腐熟有机肥 1000～2000 kg 作底肥。稀播种,以利带土移栽时减少根系损伤。播种时浇足水,以利出苗。

(2)出苗后在真叶展开时做好分苗、间苗工作,去弱留强。分苗后 3 d 用 1%复合肥追肥 1 次,每隔 5～7 d 追水肥 1 次,在移栽前 5～7 d 停止追肥和适当减少浇水,增加光照进行炼苗,以增强幼苗对大田的适应性。

(3)在幼苗长出 4～5 片真叶时及时移栽。定植前先整地起畦,土壤晒白,每亩施腐熟有机肥 1000～2000 kg、三元复合肥 30～50 kg 作底肥,起畦时施硼肥 2～3 kg、硫酸钾镁 20～30 kg。畦宽 1.0～1.2 m,双行种植,株距 30～40 cm,一般每亩种 4000～5000 株。

(4)注意防治病虫害。

6.7.2 莲座—结球期

6.7.2.1 适宜气象条件

(1)莲座期外叶生长适宜的温度范围为日平均气温 7～25 ℃,结球期以日平均气温 15～20 ℃为宜。

(2)叶球较耐低温,日平均气温为 10 ℃左右仍能缓慢生长。

(3)昼夜温差明显时,有利于养分的积累,结球坚实。

(4)土壤相对湿度以 70%～80%为宜。

6.7.2.2 不利气象条件

(1)结球期遇高温天气会阻碍包心过程。

（2）结球期遇冰雹天气,会使叶球受损,影响蔬菜的品质。

（3）高温高湿或多雨天气,黑腐病、根朽病、黑斑病容易流行,且发病重。

（4）土壤干旱时,蔬菜生长受到抑制,外叶易脱落,地上茎伸长,会影响结球,降低产量。

6.7.2.3　应对管理措施

（1）及时进行中耕锄草、松土,增加土壤的通透性,防止土壤板结,利于蔬菜吸收水分,以促进根系发育。

（2）结球后浇水量要增大、次数要增多,保持土壤湿润,在收获前 7 d 停止浇水,以防止叶球裂开。

（3）进入结球期,为满足生长所需,要给予充足的肥水,重施氮肥,适当增施磷、钾肥,每亩施磷酸二铵 2 kg,促进叶球在短时间内快速膨大。

（4）注意防治病虫害。

（5）结球甘蓝的采收期不是很严格,为争取早上市,一般在叶球八成紧、外层叶发亮时,即可采摘陆续上市。若采收太早,则叶球不充实,产量低;若采收过晚,则叶球容易开裂,影响品质。

6.7.3　主要病虫害指标

（1）霜霉病:霜霉病最容易发病的条件是湿度大,气温在 10～15 ℃时就可能发病,但病原菌发育的不同阶段各有最适宜的温度条件,即分生孢子在 8～12 ℃时萌发最快,而侵入的最适宜温度为 16 ℃,菌丝形成适宜温度为 20～24 ℃。

（2）黑斑病:甘蓝黑斑病菌在 10～35 ℃的气温条件下都能生长发育,发病最适温度为 28～31 ℃,高温高湿的环境均有利于发病。

（3）黑腐病:甘蓝黑腐病菌生长发育最适温度为 25～30 ℃,最适空气相对湿度为 80%～100%。

（4）甘蓝夜蛾:当日平均温度在 18～25 ℃、空气相对湿度为 70%～80%时有利于夜蛾发育。

6.8　露地大白菜(秋季)

6.8.1　发芽期

6.8.1.1　适宜气象条件

（1）日平均气温 20～25 ℃是大白菜种子发芽的最适宜温度,在最适宜温度下,并保持土壤湿润,播种 3 d 后幼苗就能出齐。

（2）土壤相对湿度为 70%～85%时,适宜种子吸水膨大发芽。

6.8.1.2　不利气象条件

（1）当日平均气温高于 25 ℃时,虽然种子发芽快,但幼芽细弱,容易造成生长不良。

（2）天气干旱、烈日暴晒容易造成干芽死苗、出苗不齐、严重缺棵现象。

（3）当土壤相对湿度小于70％时，种子吸水缓慢，出苗时间长；当土壤相对湿度大于85％时，致使土壤通气性能差，容易产生有害气体及霉菌。

6.8.1.3　应对管理措施

此期土壤水分是制约作物生长的主要气象因子，补充水分时要注意少量勤浇水，使土壤水分保持在适宜的范围内。

6.8.2　幼苗期

6.8.2.1　适宜气象条件

（1）苗期适宜温度为日平均气温22～25 ℃，此时植株的抗高温、抗寒、抗病等能力较差，此温度范围有利于植株成活。

（2）土壤相对湿度为80％～90％，易于根系吸水，提高成活率。

6.8.2.2　不利气象条件

（1）苗期日平均气温低于22 ℃或高于25 ℃，则容易降低植株的成活率。

（2）土壤相对湿度小于80％或大于90％时，也容易降低成活率。

（3）当日平均气温低于10 ℃时，则造成幼苗生长不良。

（4）如果温度过高，气候干旱，会引起苗期病毒病。

6.8.2.3　应对管理措施

（1）直播大白菜待幼芽出土后，采取勤浇小水，保持地面湿润。在无雨的情况下，一般于播种当日或次日浇水一遍，需将垄面湿透。播种第3天浇第二遍水促使大部分幼芽出土。

（2）直播大白菜在高温干旱年份，适当晚定苗，使幼苗密集，遮盖住地面。晚定苗的好处是有机会拔除早发病的植株，延长选优的时间。间苗时，可将间下的小苗移栽在缺苗处。补苗应在下午凉爽时进行，每次间苗、定苗后，应立即浇水，以防止因苗根系摇动而萎蔫。

（3）育苗移栽大白菜需选好移栽期，苗龄一般在15～20 d，幼苗有5～6片真叶时，为移栽的最佳适期。移栽最好在下午进行。根据品种的特性确定适宜的密度。栽后立即浇水。以后每天早晚各浇一次水，连续3～4 d，以利缓苗保活。移栽定苗期土壤水分是制约作物生长的主要气象因子，补充水分时要注意少量勤浇水，使土壤水分保持在适宜的范围内。若干旱要注意地老虎及小菜蛾危害。

（4）此期正处于雨季后期，多雨、高温、干旱等灾害性天气多于此期发生。幼苗期植株生长速度很快，但是根系很小，吸收能力很弱。因此，必须及时追肥和浇水。干旱时应2～3 d浇1次小水，保持地面湿润。浇水的主要目的除补充水分外，还兼有降低地温、防止高温灼伤幼苗根系及抑制病毒病发生的作用。在高温、干旱天气，还可临时在中午遮阴降温。苗期遇大雨积涝时，应及时排水防涝。土壤稍干，应抓紧时间进行中耕松土。结合中耕,进行锄草 2～3 次。

(5)大白菜苗期蚜虫发生严重,且容易导致病毒病的流行。为此,应采用纱网阻挡蚜虫危害,并及时进行药剂防治。

6.8.3 莲座期

6.8.3.1 适宜气象条件

(1)日平均气温以 17～22 ℃为宜,此期植株营养生长日趋旺盛,较高的温度增加体内酶的活性,提高生长速度。

(2)土壤相对湿度以 80%～90%为宜。

(3)平均每天日照时数为 8～9 h,有利于满足叶片对光合作用的需要。

6.8.3.2 不利气象条件

(1)莲座期日平均气温低于 17 ℃,则生长速度减缓,影响以后的叶球生长;若气温偏高,则莲座叶因生长过盛而衰弱,且容易发生病害。

(2)每天日照时数少于 8 h,则会影响莲座叶的健壮生长。

(3)当土壤相对湿度小于 80%时,遇高温天气,有利于病毒的增殖和蚜虫的繁殖、迁飞,从而成为病毒病和蚜虫大发生的诱因;当土壤相对湿度大于 90%时,土壤透气性能差,根系容易产生霉变。

6.8.3.3 管理措施

(1)水分管理。大白菜进入结球期后,需要水分最多,因此,刚结束蹲苗就要浇一次透水。然后隔 2～3 d 再接着浇第二次水,这时如果浇水不及时,造成土壤干裂,会使侧根断裂,细根枯死,影响结球。以后一般每隔 5～6 d 浇一次水,使土壤保持湿润。莲座末期可适当控制浇水次数。

(2)若遇干旱天气,要及时浇水,保持土壤湿润,注意不可大水漫灌,防止软腐病的发生。

(3)莲座期若遇高温干旱要注意病虫害的发生。

(4)莲座期每亩施 750～1000 kg 粪水加尿素 15～20 kg,作发棵肥。期间还需进行第 2 次中耕锄草。

6.8.4 结球期

6.8.4.1 适宜气象条件

(1)昼夜温差大于 10 ℃。结球前期以日平均气温 17～19 ℃为适宜温度,结球中期日平均气温以 13～14 ℃为宜,结球后期日平均气温以 9～10 ℃为宜。在适宜的温度范围内,天气表现为白天日照充足,光合作用强,有利于养分的制造。夜间冷凉,昼夜温差大,有利于养分的贮存和积累。

(2)土壤相对湿度以 80%～95%为宜,能够充分满足叶片细胞的生长需水,细胞壁膨压增强。

6.8.4.2　不利气象条件

（1）结球初期若日平均气温低于 12 ℃，则生长速度减缓，低温持续时间长，则大白菜松、不结实；若日平均气温高于 22 ℃，易导致叶片徒长并容易发生病害。

（2）土壤相对湿度小于 80%，则不利于结球膨大，发生干旱，则会造成减产；土壤相对湿度大于 95%，则不利于根系正常吸水，也会造成软腐病和其他病害的发生。

（3）在大白菜结球期若出现缺水干旱，则会致使叶片萎蔫下垂，导致脱帮而不结球。

6.8.4.3　管理措施

（1）要保证水分充足，均衡供应，切忌时多时少。一般应保证早、晚各淋一次清水，使土壤保持湿润。同时，用稻草或其他杂草将畦面盖住，草厚 3～5 cm 为宜，以减少水分蒸发。

（2）结球期有充足的磷钾肥和有机肥供应，大白菜才能结球紧实，叶球大，而偏施氮肥则会导致脱帮不结球。因此在大白菜结球期每 15～20 d 施一次磷钾肥和有机肥，每株施磷酸二氢钾 25～30 g 和沤制腐熟的粪水 25～30 g。

（3）在大白菜结球期，应注意防治浦霉病、白粉病、软腐病、炭疽病、菜青虫、蚜虫等病虫，结合叶面追肥，加入 800 倍灰霜特、800 倍代森胺混合液一同喷施，能有效地防治各种病虫害。

（4）捆叶和收获：大白菜生长后期，天气多变，气温日渐下降，为防霜冻，要及时捆扎。一般在收获前 10～15 d，停止浇水，将莲座叶扶起，抱住叶球，然后用浸透的甘薯秧或谷草将叶捆住。使包心更坚实并继续生长。

（5）应及时收获，并在田间晾晒，待外叶萎蔫，即可贮藏。

6.8.5　主要病虫害指标

（1）白菜霜霉病。病菌主要通过风雨传播，喜温暖潮湿的环境，最适宜发病环境为日平均气温 14～20 ℃，空气相对湿度达 90% 以上。北方少雨的地区，只要田间有高湿的小气候，也会容易发病。莲座期—结球期若多雨，且气温忽高忽低，此病最易流行。

（2）白菜软腐病。白菜结球期遇低温多雨，雨后转晴，气温回升，发病就重。地势低洼，排水不良，土壤黏重，施用未经腐熟的肥料，或与茄科蔬菜连作，病害亦重。

（3）白菜病毒病。此病主要靠蚜虫传播。蚜虫高发期，日平均气温 15～20 ℃，空气相对湿度在 75% 以下此病易发生。苗期高温干旱适宜此病害发生。蚜虫多病害严重，有风、阴天、大雨或阴雨连绵、蚜虫少，则发病轻。

（4）白菜黑腐病。高温高湿，有利于发病，虫害严重，则传染此病害。若中耕施肥伤根，或遇暴风雨使叶片碰撞产生伤口，则加重发病。

(5)白菜角斑病。角斑病发病条件为气温 25～27 ℃,相对湿度在 85% 以上。所以多雨,特别是暴风雨后发病重。

(6)菜粉蝶。气温为 20～25 ℃,空气相对湿度在 75% 以下,最适宜菜粉蝶发育。

(7)菜螟。高温低湿有利于菜螟的发生,若白菜 3～5 叶期与幼虫孵化盛期相遇,白菜受害最严重。

第7章 中药材气象服务指标

7.1 川芎

7.1.1 适宜气象条件

川芎喜温和、湿润、日照充足的环境,多栽于海拔 500~700 m 地区。川芎生长发育期适宜的温度范围是 8~30 ℃,最适温度为 14~20 ℃。当日平均气温达到 9 ℃以上时,川芎开始发芽。

在川芎生长季内,需要气温在 9~30 ℃ 的时间要长,气温低于 4.5 ℃ 的时间要短,日平均气温在 −3 ℃ 以下的天数要少,且需要充足的日照。

7.1.2 不利气象条件

日平均气温低于 4.5 ℃ 时,则川芎进入休眠状态,日平均气温低于 −3 ℃ 时,川芎易受冻害,日最高气温高于 35 ℃ 时,川芎也会停止生长。

7.1.3 管理措施

(1)繁殖方法:川芎用茎节(芎苓子)作种。每年地上枯萎后挖出川芎,把根上面的茎节切下来,每节有 1~2 个芽,将种苗窖藏到次年惊蛰前栽种。

(2)田间管理:栽种后若土壤干燥需及时浇水,出苗前保持土壤湿润,4 月下旬中耕除草。5 月下旬—6 月中旬进行第二次除草,7 月进行第三次除草。川芎开花时随时摘花,生长过于旺盛的川芎,从基部割掉部分茎秆,以利通风透光,集中养分,保证川芎正常生长。

(3)移栽:秋天栽种,随挖随栽。

(4)越冬管理:一般在"立冬"后,在畦面上可覆盖一层腐熟牛马粪或圈肥,既作越冬肥,又起防寒作用。无牛马粪可在根茎上培土 6~9 cm 土或畦面上盖 6~9 cm 厚绵树叶、麦糠等。第二年春暖萌发之前去除覆盖物或培土,以利出苗。

7.2 当归

7.2.1 适宜气象条件

(1)当归属低温长日照植物,在生长发育过程中,由营养生长转向生殖生长时,需通过 0 ℃ 左右的低温阶段和 12 h 以上的长日照阶段。

(2)当归幼苗期喜阴忌阳光直射,荫蔽度以 80%～90% 为宜,以后逐渐增大透光度。

(3)当归对温度要求严格,春季当日平均气温 5～8 ℃时,当归栽子开始发芽,9～10 ℃时开始出苗,高于 14 ℃时地上部和根部迅速增长,日平均气温 16～17 ℃时生长又趋缓慢,秋季日平均气温 8～13 ℃时地上部开始衰老,营养物质向根部转移,根部增长进入第 2 个高峰,10 月底至 11 月初,地上部枯萎,肉质根休眠。

(4)当归的整个生长期对水分的要求较高。幼苗期要求有充足的雨水,生长的第 2 年较耐旱,但水分充足也是生长的主要条件。在土层深厚、肥沃疏松、排水良好、含丰富的腐殖质的沙壤土种植当归为好,但忌连作。

7.2.2　不利气象条件

雨水太少会使当归抽薹率增加;雨水太多则易积水,降低了地温,影响正常生长且易发生根腐病。

7.2.3　管理措施

(1)育苗:于 6 月上旬至下旬播种,播前将种子放入 30 ℃的温水中浸种 24 h,取出晒干后用撒播法播种,将种子盖严,再盖以杂草。播种后 30 d 左右出苗,此时将盖草挑松,以防揭草时伤苗。8 月初揭去盖草。

(2)挖苗贮藏:10 月上旬,将幼苗连根挖起,捆成小把。若用堆贮藏,则要选不生火的凉屋子,在屋内一层栽子一层黄土堆起;若用室外窖藏,则选阴凉干燥处,挖窖长、宽各 1 m,深度则视栽子数量而定,用一层栽子一层黄土堆起,窖顶盖 30 cm 左右的土。

(3)移栽:一般于 4 月上中旬移栽较为适宜。若移栽过早,出苗后易遭晚霜冻危害;若移栽过迟,则种苗已萌动,会降低成活率。

(4)收获:秋季直播的于第 2 年秋季收获,春季移栽的于当年收获。

7.3　桔梗

7.3.1　适宜气象条件

(1)桔梗喜凉爽湿润环境,野生于向阳山坡及草丛中。耐寒能力强,桔梗根可忍耐−21 ℃的低温。

(2)桔梗栽培对土壤要求不严,但以栽培在富含腐殖质的中性壤土中生长较好。

(3)种子发芽的温度范围为 15～30 ℃,以 18～25 ℃为最适宜。

7.3.2　不利气象条件

怕风害,土壤水分过多或田间积水,则根部易腐烂。

7.3.3 管理措施

（1）繁殖：生长期为 2 a。

（2）播种育苗：冬播期为 11 月—翌年 1 月，春播期为 3—4 月。以冬播为好，生产中一般采用直播。在温度 18～25 ℃、湿度足够的情况下，播后 10～15 d 出苗。

（3）桔梗移栽一般在 4—6 月。移栽过早，由于桔梗苗小影响苗的质量，移栽过晚，则因苗大影响移栽。

（4）排水：桔梗种植密度高，怕积水。因此，在高温多湿的季节，应及时疏沟排水，防止积水烂根。

（5）摘花：桔梗花期长达 4 个月，开花对养分消耗相当大，又易萌发侧枝。因此，摘花是提高桔梗产量的一项重要措施。

（6）储藏：桔梗的长期储存应该存放在冷库中。

7.4 黄芩

7.4.1 适宜气象条件

（1）光照充足，每天日照时数大于 6 h。

（2）成年植株地下部分可忍受低于 −30 ℃ 的低温。

（3）适宜野生黄芩生长的气候条件一般为：年太阳总辐射量 459.8～564.3 kJ/cm²，一般以 501.6 kJ/cm² 最为适宜。年平均气温为 4～8 ℃，黄芩生长最适宜的日平均气温为 24 ℃。年降水量以 400～600 mm 为宜。

（4）各发育期的适宜指标：播种期以日平均气温 15～18 ℃ 为宜；苗期—开花期日平均气温以 16～20 ℃ 为宜。土壤相对湿度以 55%～60% 为宜。

7.4.2 不利气象条件

（1）黄芩耐热，最高气温高于 35℃ 时，不至于枯死，但不能经受 40 ℃ 以上连续高温天气。

（2）黄芩怕涝，若田间积水时间较长，容易烂根死苗，导致降低产量和品质。

（3）黄芩是喜阳性植物，光照不足或长期遮阴会使其生长衰弱或死亡。

7.4.3 管理措施

（1）土壤环境：黄芩种植应选择在地势高、排水良好的地块，要求种植地的地下水位低，位于背风向阳处，无树木遮光，以土层深厚、土质疏松且富含腐殖质的淡栗钙土或沙质壤土最为适宜。土壤酸碱度以中性和微碱性为好，忌连作。

（2）扦插繁殖：春、夏、秋季都可以进行扦插，但以春季 5—6 月扦插成活率高。扦插时间以阴天为好，晴天宜选在上午 10 时以前或下午 4 时以后扦插，插后浇水，并搭阴棚（荫蔽度 50%～80%）遮阴，每天早晚需各浇一次水，水量不宜过大，否则易引起扦条腐烂,影响成活。插后 40～50 d 即可移栽至大田。

(3)分株繁殖:冬季采收的可将根头埋在窖内,第二年春天再分根栽种。若春季采挖,可随挖随栽。分根繁殖成活率高,生长快,可缩短生产周期。可在收获时进行。

(4)播种:若春季播种,则在 3—4 月适宜;若夏季播种,则一般选在 7—8 月进行,也可以冬播(即 11 月),以春播产量最高。若无灌溉条件的地方,应在雨季播种。若土壤湿度适宜,播种后 15 d 左右即可出苗。

(5)育苗移栽:选背风向阳的地块作苗圃,于 3 月播种,次年春季土壤解冻后马上移栽大田。华北平原及其以南地区移栽当年即可收获,河北坝上地区需 2～3 a 收获。

(6)生长周期:5—6 月为茎叶生长期,10 月地上部枯萎,翌年 4 月开始重新返青生长。

7.5　金银花

7.5.1　适宜气象条件

(1)适宜的气候条件:喜温和湿润气候,喜阳光充足,耐寒、耐旱、耐涝,适宜生长的温度为 20～30 ℃,年降雨量一般为 600～1000 mm,年日照时数为 2400～2600 h,日照时数多,有利于金银花产量和质量的提高。

(2)当日平均气温高于 5 ℃时,即可萌芽抽枝;当日平均气温高于 16 ℃时,则新梢可快速生长;当日平均气温在 20 ℃左右时,花蕾生长发育较快。

(3)播种期适宜温度为日平均气温 12～15 ℃;扦插期适宜温度为日平均气温 24～26 ℃。

(4)金银花生长适宜的空气相对湿度为 60%～75%。

(5)平均每天日照时数以 7～8 h 为宜。

7.5.2　不利气象条件

(1)当日最高气温高于 38 ℃时,金银花生长受阻;当日最低气温低于 −4 ℃时,生长受到影响;当日最低气温低于 −20 ℃时,则根部会被冻死。

(2)若生长在荫蔽处,则生长不良,常处于休眠状态。

(3)光照不足时枝嫩细长、叶小、缠绕性强,花蕾分化少。光照过分不足,影响花芽分化形成,则花蕾数量明显减少。

(4)枝稠叶密,内膛通风透光不良,易引起内部枝条干枯死亡,结果枝仅分布在植株外围,结果部位减少,产蕾低下。

7.5.3　管理措施

(1)土壤环境:金银花对土壤要求不严,耐盐碱,但以土层深厚疏松的腐殖土栽培为宜。

(2)繁殖:若采用种子繁殖,则需于 4 月播种。将种子在 35～40 ℃的温水中浸泡 24 h,取出拌 2～3 倍湿沙催芽,待裂口达 30% 左右时即可播种,播种后 10 d 左右即可出苗。若采用扦插繁殖,则一般在雨季进行。在夏秋阴雨天气,选健壮无病虫害的 1～2 a 生枝条随剪随扦插。扦插的枝条开根之前应注意遮阴,避免阳光直晒造成枝条干枯。也可采用扦插育苗,在 7—8 月,把插条斜立着放到沟里,填土压实,半月左右即能生根,待翌年春季或秋季移栽。

(3)剪枝:剪枝是在秋季落叶后到春季发芽前进行,一般是旺枝轻剪,弱枝强剪,枝枝都剪。整形是结合剪枝进行的。剪枝后的开花时间相对集中,便于采收加工。宜摘花后再剪,剪后追施一次速效氮肥,浇一次水,以促使下茬花早发。

(4)追肥:栽植后的前 1～2 a 内,多施一些人畜粪、草木灰、尿素、硫酸钾等肥料。栽植 2～3 a 后,每年春初,应多施畜杂肥、厩肥、饼肥、过磷酸钙等肥料。第一茬花采收后即应追适量氮、磷、钾复合肥料,为下茬花提供充足的养分。

(5)收获:金银花 5—6 月采收,采收最佳时间是清晨和上午,下午采收应在太阳落山以前结束。采后放入条编或竹编的篮子内,应摊开放置,放置时间最长不要超过 4 h。晒花时切勿翻动,忌在烈日下暴晒。

(6)病虫害防治:褐斑病发病初期在叶上形成褐色小点,后扩大成褐色圆病斑或不规则病斑,病斑背面生有灰黑色霉状物。多在生长后期发病,8—9 月为发病盛期,在多雨潮湿的条件下发病重。发病后,需剪除病叶,然后用 1∶1.5∶200 比例的波尔多液喷洒,每 7～10 d 喷洒 1 次,连续喷洒 2～3 次。或用 65% 代森锌 500 倍稀释液或托布津 1000～1500 倍稀释液,每隔 7 d 喷 1 次,连续喷洒 2～3 次。

7.6　柴胡

7.6.1　适宜气象条件

(1)柴胡生长适宜的气候条件:年平均气温高于 6 ℃,年降雨量在 400 mm 左右,生长季节平均降雨量在 300 mm 左右。

(2)各生长发育期适宜的温度指标:当日平均气温高于 12 ℃时即可播种,但最适宜播种的温度为日平均气温高于 12 ℃;当日平均气温为 18～20 ℃时,即可进行移栽;旺盛生长期适宜温度为 18～22 ℃;花期适宜温度为 20～22 ℃。

(3)柴胡生长季内空气相对湿度范围为 65%～80%,以 65%～75% 为最适宜。

(4)生长季内平均每天日照时数大于 6 h。

7.6.2　不利气象条件

(1)柴胡幼苗期遇强光直射,不利于幼苗生长。

（2）当日平均气温高于 30 ℃时，则柴胡生长受到影响。

（3）柴胡药用部分为根部，田间积水、渍涝容易引发根腐病。

7.6.3　管理措施

（1）选地整地：喜稍冷凉而湿润的气候，耐寒，耐旱，忌高温和涝洼积水。土壤以壤土、沙质壤土或腐殖土为好。植株生长前期以地上部分生长为主，后期才生长根部。土地前茬以豆类及玉米、小麦等禾本科作物为最佳，忌与根类药材连作。

地选好后，施入基肥，深耕 30 cm，整平耙细，做 110 cm 宽的平畦。雨水偏多的地区可做 130 cm 的高畦，畦的四周挖好排水沟。

（2）种子繁殖：用种子繁殖，可直接播种或育苗后移栽。大面积种植时多用直播方式。当日平均气温在 20 ℃左右，土壤湿度适宜的情况下，播种后 7 d 即可出苗，如果气温低于 20 ℃，则需要 10～15 d 才能出苗。每亩用种量为 2～3 kg。播种后需覆盖一层草或树叶，当出苗率达 60% 时，即可揭去盖草。

（3）田间管理：柴胡幼苗期怕强光直射，可以和玉米、芝麻、大豆、小麦等作物套种。齐苗后，注意防旱保苗。在苗高为 3 cm 时间去过密的苗。当苗高达 7 cm 时定苗。在松土除草或追肥时，注意勿碰伤茎秆。第一年新播种的柴胡，在雨季来临之前需每亩施用尿素 10 kg，并浇一次透水，且应中耕培土，防止倒伏。雨季要严防田间积水、渍水，以防引发根腐病。封冻之前，浇一次越冬水，并每亩施用捣细的农家肥3000 kg。第二年早春，耧去地上干枯的茎叶，适时浇返青水。待苗高 12～15 cm 时，施肥后浇一次透水。5 月柴胡陆续抽薹开花。使柴胡增产的主要管理措施是合理密植、重施磷钾肥、打花薹、防止根腐病的发生。

（4）收获：播后的第二年 10 月下旬，收割地上茎叶，去掉老茎秆后，晒干，捆扎成把，即为软柴胡（苗柴胡）。沿畦的一端，仔细挖出根条，抖净泥土，去净残留的茎叶，晒干即成商品。柴胡干品以身干、根长、无杂质为佳。

7.7　板蓝根

7.7.1　适宜气象条件

（1）板蓝根耐严寒，喜温暖。

（2）生产上可春播或夏播，春播时间为 4 月中下旬，夏播时间为 5 月下旬，也可以秋播，时间为 8—9 月。

（3）板蓝根种子在 15～30 ℃的温度条件下萌发良好。当日平均气温为 16～21 ℃时，在土壤湿度适宜的情况下，播种后 7～10 d 出苗。秋季播种后 4 d 即可出苗。

7.7.2　不利气象条件

土壤湿度大或田间积水，易造成烂根。

7.7.3 管理措施

(1)选地整地:选择土壤疏松,排水良好的地块,深翻地,施足底肥。

(2)繁殖:板蓝根在北方适宜春播,并且应适时迟播,最适宜的时间是 4 月 20～30 日。播种后适当浇水保湿,温度适宜时,7～10 d 即可出苗。

(3)育苗:当苗高为 7～8 cm 时间苗。苗高 10～12 cm 时结合中耕除草,定苗。

(4)中耕除草:在幼苗出土后浅耕,定苗后则中耕。在杂草为 3～5 片叶时可以喷施精禾草克类化学除草剂,去除禾本科杂草,每亩用药 40 mL,兑水 50 kg。

(5)追肥:板蓝根以收大青叶为主的,每年要追肥 3 次,第 1 次是在定植后,第 2～3 次是在收完大青叶以后追肥;以收板蓝根为主的,在生长旺盛的时期不割大青叶,并且少施氮肥,适当配施磷钾肥和草木灰。

(6)防治病虫害:特殊年份板蓝根发生根腐病,可用根腐灵防治。6—7 月有菜青虫危害叶片,可用高效氯氰菊酯防治。

(7)收获:春播板蓝根在收根前可以收割 2 次叶子,第一次可在 6 月中旬,当苗高 20 cm 左右时,从植株茎部距离地面 2 cm 处收割;第二次可在 8 月中下旬进行。高温天气不宜收割,以免引起成片死亡。收割的叶子晒干后即成药用的大青叶。板蓝根应在入冬前选择晴天采挖,摊开晒至 7～8 成干以后,扎成小捆再晒至全干。以根条长直、粗壮均匀、坚实为佳。

7.8 金莲花

7.8.1 适宜气象条件

(1)适宜气候条件:金莲花喜温暖、湿润和阳光充足的环境。在年平均气温为 2～15 ℃ 的地区均可种植。野生金莲花常生长在海拔 1800 m 以上的高山草甸或疏林地带。

(2)金莲花生长期最适宜温度为 18～24 ℃。

(3)遮阴能有效降低光照强度,避免发生日灼,同时能减少土壤水分蒸发。

7.8.2 不利气象条件

(1)金莲花生长怕夏季高温,当日最高气温高于 35 ℃ 时,则生长受到抑制。

(2)金莲不太耐寒,只能忍受短时间的 0 ℃ 低温。

(3)强光照射容易导致金莲花生长不良,植株矮小、叶黄化,会有明显日灼现象。

(4)遮阴环境下金莲花生长健壮,观赏期明显延长,但也影响了植物的组织结构,进而影响光合作用、蒸腾速率等一系列生理过程,最终影响了植物生长发育。

7.8.3　管理措施

(1)选地整地:选冬季寒冷、夏季凉爽的平缓山地或坝区排水良好的沙质壤土,尽量选用平缓的稀疏林或幼林果园。

(2)繁殖:种子繁殖应播种前2~3 d先把地浇湿,待地稍干耙平整细后再播种,播后10 d左右即可出苗;分株繁殖应秋末植株枯黄时采挖种苗,或于4—5月出苗时挖取。将挖起的根状茎进行分株栽植。秋末栽植成活率较高。

(3)田间管理:植株生长前期应勤除草勤松土。7月植株基本封垄,可不再松土除草。金莲花苗期不耐旱,应常浇水,雨季要注意排涝。除整地前施足基肥外,在生长期间还要适当追肥。在海拔较低,夏季较炎热的地方引种,特别要注意遮阴,一般应搭棚,荫蔽度控制在30%~50%。也可采用与高秆作物或果树间套作,以达到遮阴目的。

(4)病虫害防治:地下害虫有蛴螬、蝼蛄、金针虫等,会咬食地下根状茎,造成断苗。育苗地应特别注意防止蝼蛄串根。发现虫害需进行化学药剂防治。金莲花烂根的原因多是土壤湿度过大,应控制好土壤湿度,少浇水,夏季要及时遮阴,并开好排水沟。

(5)收获:一般在夏季开花季节及时将开放的花朵采下,运回晒场,放在晒席上,摊开晒干或晾干即可供药用。

7.9　丹参

7.9.1　适宜气象条件

(1)适宜气候条件:丹参喜气候温暖、空气湿润、光照充足,耐旱,怕涝。地下根耐寒,可露地越冬。生长地需要年平均气温高于17.1 ℃,平均空气相对湿度为77%左右。

(2)生长发育期适宜温度条件:丹参播种期需日平均气温为18~20 ℃,分根繁殖移栽期需日平均气温达到8~10 ℃,丹参旺盛生长期适宜温度为20~25 ℃。

(3)土壤相对湿度以60%~80%为宜。

7.9.2　不利气象条件

(1)4月中旬—5月中旬为丹参花蕾形成期,也是植株生长旺期和扦插育苗期。如遇干旱,对种子形成和育苗繁殖影响较大。当日最高气温大于或等于32 ℃或日平均气温低于10 ℃时,丹参生长受阻;若此期间累计降水量小于40 mm,空气相对湿度小于60%,则易发生干旱,丹参生长发育会受到一定影响。

(2)8月下旬—9月为丹参根茎生长的转折期,也是根系逐渐膨大期。此期间若日平均气温低于14 ℃时,会影响正常生长发育;若此期间累计降水量大于220 mm,空气相对湿度大于85％,则容易发生田间渍涝,易烂根;若连阴雨时间大于15 d,则光照条件差,影响正常发育。

7.9.3 管理措施

(1)选地整地:选择光照充足、排水良好、浇水方便、地下水位不高的地块,土壤要求土层深厚,质地疏松,pH值为6~8的沙质壤土。丹参为深根多年生植物,播种前需施足基肥。深翻30~40 cm,以利于根系生长发育。土壤耙细整平,作宽1.5~2 m的平畦。地块周围挖好排水沟。

(2)种子繁殖:种子宜选用6月以后成熟的种子,随采随播或9月播种。春季一般于3月在苗床播种,或条播和撒播均可。当地温达到20 ℃左右时,15~20 d出苗。播种后经过2个月生长,即可移栽。

(3)繁殖方式:分根繁殖于早春3—4月,将切好的种根竖着放入穴中,大头朝上,覆土2 cm左右。每亩用种根50 kg左右。用根段种植,根部生长较快,药材产量高;芦头繁殖则在丹参收获时,将细根连芦头带心叶用作种苗进行种植。还可以挖取野生丹参,细根连同芦头一起栽种,时间应在晚秋或早春。用芦头繁殖,栽种后次年即可收获,生产周期短,经济效益好;北方6—7月还可采取扦插繁殖,选取生长健壮、无病害的丹参枝条,切成13~16 cm长的小段,斜插于苗床,深度为插条的1/2~2/3,覆土压紧,地上留有1~2个叶片为宜。边剪边插,不能久放。插后保护土壤湿润,适当遮阴,15~20 d即可从最下部的茎节处长出新根。待根长至3 cm时,再定植于大田。

(4)田间管理:丹参苗期生长缓慢,封垄前应结合追肥中耕2~3次,适时松土除草。封垄后及时拔除个别大草,防止遮阴。丹参的花期为5—6月,在不收种子的情况下应及早摘掉花絮。丹参生长次年即可采收药材,当地上部枯萎或翌年春季萌发前采挖为宜。

7.10 杜仲

7.10.1 适宜气象条件

(1)适宜气候条件:杜仲对气温的适应性特别强,在年平均气温9~20 ℃,极端最高气温44 ℃以下,极端最低气温不低于−33 ℃的环境温度下,植株均能正常生长发育。一般在年平均气温为12~15 ℃的地区最适宜杜仲生长。年需水量为600~1000 mm。杜仲为喜光树种,对光照要求比较严格,耐阴性差。

(2)日平均温度稳定通过15 ℃时,杜仲迅速生长发育;日平均气温在25 ℃左右时,杜仲生长发育旺盛;日平均气温低于10 ℃时,杜仲生长变缓,低于5 ℃时,进入休眠期。早春在地温高于6 ℃时,根系即开始活动,根系比地上部分的生长提早15~

20 d。初冬地温低于 8 ℃时,根系才停止生长活动。

(3)光照时间越长,杜仲生长速度越快。

7.10.2 不利气象条件

(1)年降水量小于或等于 400 mm 的干旱地区,杜仲生长速度缓慢。

(2)杜仲生长期内遇长期连阴雨天气,易造成空气湿度大,病虫害严重。

(3)杜仲生长在阳坡、半阳坡光照比较充足的地方,树势强壮,叶厚且呈深绿色。而生长在光照较差的林下或长年光照差的阴坡,则生长势弱,出现树冠小、自然整枝明显、叶色淡而薄的现象。

7.10.3 管理措施

(1)选地整地:育苗地宜选向阳、土层深厚、疏松肥沃、排灌方便的沙质壤土地。地选好后,施入基肥,然后深翻 30 cm,耙细整平做宽 1.2 m、高 0.2 m 的高畦作为种子充苗地块。定植地可选山区中的向阳缓坡地,将土壤深翻耙平,进行穴栽。

(2)繁殖方法:可用种子育苗、扦插、压条、分株、嫁接等方法进行繁殖,多以种子繁殖为主。杜仲种子寿命短,隔年种子的发芽率很低,必须采收新种子播种。宜选择生长健壮、树干通直粗壮,皮厚,叶肥大,20 年以上未剥过皮的雌株作采种母株。于10 月末—11 月初收集种子,摊于阴凉通风处晾干,不可晒干。选新鲜、饱满、淡褐色、有光泽的种子进行秋播或春播。秋播时种子可以随采随播,春播则需要将种子进行湿沙层覆盖处理。

(3)播种:春播于 3 月下旬—4 月上旬,当气温高于 10 ℃时进行。播种后经常保持床土湿润,约 15 d 可出苗。

(4)移栽:种苗培育 1~2 年,苗高 80~100 cm 时便可定植。定植于秋冬季落叶后或春季萌芽前进行。

(5)中耕除草:杜仲定植后,根系未扎稳,中耕宜浅不宜深,除草要净。杜仲幼林郁闭,每年夏季要清林、中耕 1 次,促进幼树生长。杜仲成林以后每年清林 1 次即可,不用中耕。入冬前,应在幼树根际培土防寒。

(6)追肥:追肥可以结合中耕除草进行,每年春季是杜仲生长的高峰期,施肥后覆土盖肥。于夏季杜仲旺盛生长期,进行第二次追肥。

(7)灌、排水:杜仲定植后应经常浇水,保持穴土湿润,以利于成活。夏季旺盛生长期,如遇干旱应及时浇水,否则影响杜仲生长。若雨季穴内有积水应及时排除,防止发生涝害。

(8)整形修剪:每年冬季适当剪除树冠下部侧枝,剪除下垂枝、病虫枝及枯枝,以使树冠通风透光。结合分株繁殖将根蘖苗与母株分离,带根定植于定植地,以促使母株健壮生长。

（9）采收：栽培10～20年，用半环剥法剥取树皮。6—7月高温湿润季节，在离地面10 cm以上树干，切树干的一半或三分之一，注意割至韧皮部时不伤形成层，然后剥取树皮。经2～3年后树皮会重新长成。环剥法，用芽接刀在树干分枝处的下方与离地面10 cm处各环切一刀，再垂直向下纵切一刀，只切断韧皮部，然后剥取树皮。剥皮时宜选多云或阴天，不宜在雨天及炎热的晴天进行。

（10）加工：剥下树皮用开水烫泡，将皮展平，把树皮内面相对叠平，压紧，四周上、下用稻草包住，使其发汗，经过7 d内皮略呈紫褐色时取出，晒干，刮去粗皮，修切整齐，置通风干燥处贮藏。

7.11　防风

7.11.1　适宜气象条件

（1）适宜气候条件：防风耐寒、耐干旱，喜阳光充足、凉爽的气候条件。能忍耐低于−28 ℃的低温，适宜在夏季凉爽、干燥的地区种植。

（2）种子发芽适温度为15～25 ℃，

（3）日平均气温高于15 ℃时播种为宜。

7.11.2　不利气象条件

防风怕高温，忌雨涝。

7.11.3　管理措施

（1）选地整地：选择土质疏松、土层深厚、养分含量高的沙质土壤，且要求地块排灌条件良好。土壤施优质农家肥后，进行深翻达40 cm以上，一般畦宽以2.5～2.8 m为宜。

（2）繁殖：采用种子繁殖一般在4月上中旬开始用条播播种，播种20 d左右就可出苗；采用根插繁殖一般将头年采收的种根贮藏于地下，4月上中旬，将防风种根从土里刨出截成小段栽种，一般栽种13～16 d就可以出苗。

（3）种子条播的，出苗后15～20 d进行疏苗。幼苗生长到30 d左右，苗高达到10 cm以上时，按株距15 cm左右进行定苗。

（4）生长期管理：6月中耕除草2～3次。追肥后及时灌水，灌水或雨后及时中耕，以保持土壤疏松无杂草。

（5）生长旺盛期管理：生长旺盛期为7月中旬至9月下旬。田间遇涝或积水时要及时排除，要及时拔除田间杂草，防止草荒。根据植株生长情况可进行根外追肥。防风有很多植株在这一时期抽薹、开花、结实，严重影响药用根质量或者失去药用价值，这时必须要及时将花薹打掉。

（6）留种前管理：选留植株生长整齐一致、健壮的田块作为留种田，不进行打薹，可放养蜜蜂辅助授粉。到 10 月左右防风种子由绿色变成黄褐色,轻碰即成为两半的时候采收,也可割回种株后放置阴凉处后熟 7 d 左右再进行脱粒。

(7)病虫害:防风生长发育期易发生白粉病,发病前适宜增施磷、钾肥,以增强抗病力。发病后须及时采用化学药剂进行防治。

(8)采收:防风栽培 2 年后,于秋季地上部分枯萎时采挖,除去须根及泥沙,晾干。以根条粗长、皮细、柔润、无毛须者为佳。

7.12　党参

7.12.1　适宜气象条件

(1)适宜气候条件:党参怕热,较耐寒,即使在 −25 ℃ 左右的严寒条件下,也不会冻死。在高寒地区,昼夜温差大,有利于党参根中糖分等有机物的积累。党参正常生长的温度范围为 8~30 ℃。党参对水分要求不严格,党参种植地区年降水量范围为 500~1200 mm。

(2)党参正常生长季节,平均空气相对湿度以 70% 左右为宜。

(3)党参对光照要求较严格,幼苗时喜阴,成株时喜光。随着苗龄的增长对光的要求也逐渐增加,2 年以上植株需移植于阳光充足的地方才能生长良好。

7.12.2　不利气象条件

(1)播种期及幼苗期田间水分供应不足,则不出苗,或使幼苗受旱而死。

(2)在强光下幼苗易被晒死,或生长不良。

(3)最高气温高于 30 ℃ 时,党参正常生长就会受到抑制。

(4)生长期持续高温炎热,党参地上部分易枯萎和患病害。

(5)高温季节土壤湿度过大,容易使根腐烂而造成植株死亡。

7.12.3　管理措施

(1)选地整地:选择排灌条件良好,阳光充足,土质肥沃而疏松的沙质土壤。选好地后施足基肥,深耕 25~30 cm,耕细整平,做 1 m 宽平畦。如土壤干旱,可先向畦内灌足水,待水渗下后,表土稍松散时再进行播种。

(2)繁殖:常用种子繁殖,多采取直播。冬播在"霜降"至"立冬"间下种。春播在"春分"前后为宜。

(3)移栽:参苗生长 1 年后,于 10 月中旬—11 月封冻前移栽,或于 3 月中旬—4 月上旬化冻后,在幼苗萌芽前移栽。

(4)排灌除草:幼苗出土前及苗期,可用柳树枝叶、玉米秆等覆盖,以保持畦面湿润。幼苗出土后,浇水时应注意让水慢慢流入畦里,以免水大冲断参苗或粘住小叶片造成死苗。苗高到 20 cm 时,一般不需再浇水。党参出苗后,即开始松土锄草,宜浅锄避免伤根。苗高 6~10 cm 时定苗。参苗封畦后,停止中耕锄草。

(5)追肥搭架:定苗后施肥浅锄一遍,地旱时要及时浇水,"立秋"前后,再施肥一次。茎蔓长到 30 cm 左右时,用竹竿或树枝搭架,留种田更应设立支架,以得到充实而饱满的种子。

(6)摘花:党参开花较多,非留种田,需及时将花摘去,以于利根部生长。

(7)病虫害防治:根腐病是真菌中的一种半知菌所致。常在夏季高温多湿期间发生。初发病时,靠近地面处的须根和侧根变黑褐色,甚者全根腐烂,植株枯死。防治方法为及时排涝,整地时进行土壤消毒,发现病株要及时拔除并用石灰消毒病穴。忌连作。

(8)收获:党参一般采取 2 年收刨。北方地区常以生长 1 年收刨,一年生的收刨时,参根细的可再进行移栽,于"霜降"至"立冬"间,茎蔓枯萎时收获。将刨出的参根置阳光下晒至半干时,用手或木板揉搓,搓后再晒,反复几次。晒至九成干时扎成小把,垛起来压紧。过几天再晒干,干燥后即可供药用。二年生党参商品质量好,一年生商品质量差。党参以根条粗大而长、质柔润、味甜者为佳。

(9)选育良种:在收获党参时,选生长苗壮、无病虫害和较粗的枝条,栽在整好的地里并浇水一次。年前一般不需管理,第二年管理方法与播种的相同。于"秋分"至"寒露"间,摘下果实,晒干。搓出种子,去净杂质,贮存备用。如大面积留种田,一般等绝大多数果实成熟时,一次性连果带蔓割下晒干,打下种子,放干燥通风处贮存。

第8章 林果气象服务指标

8.1 苹果

8.1.1 根系生长期

8.1.1.1 适宜气象条件

（1）苹果根系没有休眠期，只要温度适宜，可一直生长。根系处土壤温度为 1～2 ℃时，根系则开始生长，苹果根系生长的适宜温度为 14～21 ℃。

（2）适宜的土壤相对湿度为 65％～75％。

8.1.1.2 不利气象条件

（1）当土壤温度为 0～7 ℃和 20～30 ℃时，根系生长减弱。

（2）当土壤温度高于 30 ℃或低于 0 ℃时，根系则停止生长。

8.1.1.3 管理措施

预防冬季冻害。冬前灌水可以提高果树抵御严寒的能力，且能满足果树翌年春季生长发育的水分需求。而且水的比热大，可以使土壤保持比较稳定的温度，防止冻害。

8.1.2 萌芽期

8.1.2.1 适宜气象条件

（1）当日平均气温高于 3 ℃时，苹果地上部分开始活动；当日平均气温高于 5 ℃时，苹果枝开始萌芽；当日平均气温为 8 ℃左右时，枝叶开始生长；当日平均气温高于 15 ℃时，苹果树进入活跃生长期。

（2）苹果树萌芽的适宜温度为日平均气温 10～15 ℃。

（3）土壤相对湿度以 80％左右为宜。

8.1.2.2 不利气象条件

（1）当日平均气温低于 5 ℃时，会发生冻害。果树新芽在 −5.5～−5 ℃的低温下，经过 1 h 即会发生冻害。

（2）春季温暖干旱有利于果树白粉病的发生。

8.1.2.3 管理措施

（1）苹果新梢旺盛生长期，需要消耗大量水分，此期也是果树对水分非常敏感的时期，称为"果树需水临界期"，需要保证土壤相对湿度达到 80％左右。

（2）遇强冷空气来临时,积极采取有效措施预防果树冻害发生。一是利用秸秆覆盖与果园熏烟组合的方法,可以预防冷平流型冻害,其中,熏烟可起主要作用。二是利用秸秆覆盖与果园喷水组合的方法,可以预防辐射降温型冻害,起主导作用则是秸秆覆盖。

8.1.3 开花期

8.1.3.1 适宜气象条件

（1）苹果花芽萌发至开花需要日平均气温大于或等于 10 ℃的积温一般为 240～260 ℃·d。苹果开花前 40 d,日平均气温大于或等于 10 ℃的积温越多,花期就越早,积温少,则花期晚。

（2）苹果花芽分化的最适宜日平均气温为 17～22 ℃,开花的最适宜日平均气温为 17～18 ℃,授粉的最适宜日平均气温为 15.5～21 ℃。

（3）苹果花芽分化期需要较高的光照条件。

（4）天气晴朗、微风,有利于果树进行授粉,提高果实授粉结实率,增加产量。

（5）土壤相对湿度以 60％～70％为宜。

8.1.3.2 不利气象条件

（1）花蕾现色期,当最低气温达−2.8 ℃时,花蕾即遭受冻害。现蕾期—盛花期,若气温为−2～−1.5 ℃持续 1 h,就会受到明显冻害。对红富士苹果,当最低气温为−2 ℃时,中心花受冻率高达 70％以上。花粉在 5 ℃左右时即受冻,逐渐失去活力。

（2）当日平均气温高于 25 ℃,将抑制苹果花芽生理分化和形态分化。

（3）日最高气温高于 32 ℃出现频率高低及持续时间长短对苹果花芽分化有较大影响。

（4）若开花期热量不足,则苹果花芽分化不好,果实小而酸。

（5）开花期对水分最敏感,在这个时期如果水分不足,则不利于成花坐果和保果。土壤含水量过大或饱和,则影响叶梢生长,降低花芽形成率,不利于开花。

（6）在开花期,若风速大于 6 m/s,则会影响昆虫活动、传粉,并且容易使空气湿度降低,柱头变干,致使花粉不能发芽。

（7）在开花期遇到大于或等于 5 d 连阴雨或阴雨过多,则会影响授粉,造成受精不良,花药不裂,降低成花率,导致有花无果,使第二年结果过多,引起大小年现象。

8.1.3.3 管理措施

（1）花期防霜冻。①在开花前多浇水,以降低地温,延迟开花,避开霜冻危害。②在开花前将树干、树枝涂白或对树体喷施 7％～10％石灰水或滑石粉,可起到延迟开花作用。③根据当地天气预报,在有霜冻危害的夜晚 0 时左右,在果园内上风方用柴草或烟雾剂发烟,可提高园内温度,起到化霜防冻的作用。

（2）采集花粉、授粉。采集花粉的原则一是采集与主栽品种亲和力较强的果树花粉;二是采集混合花粉;三是采集大蕾期的花粉;四是树冠外围要多采,内膛要少采。

授粉方式为人工点授、花粉袋撒粉、液体授粉、蜜蜂授粉。

（3）疏花。疏花时间一般在盛花初期到末花期进行。根据树体花量的大小,按适宜的果实负载量和果实的合理布局,对一些开花晚的弱花进行疏花,一般一个花芽留2～3朵花较为适宜。疏花的原则为树势较强的树少疏,坐果率高的树多疏,树冠外围和上层要多疏少留,辅养枝多留,骨干枝少留,疏边花,留中心花,疏掉晚开的花,留早开的花,疏掉各级枝延长头上的花,要多留出需要量30%的花。

（4）促进树体前期枝叶生长,重视肥水管理。有利于光合产物的制造积累。结果树在花芽分化临界期前施肥,以磷钾肥为主,少施氮肥、适度控水。但不能过度干旱,需要适量灌小水,有利于花芽形成。除氮、磷、钾肥外,苹果开花期需要的微量元素也相对比较多。开花期应结合病虫害防治加强叶面肥管理。

8.1.4　果实膨大期

8.1.4.1　适宜气象条件

（1）果实膨大期适宜的平均气温为22～28 ℃。

（2）气温日较差大于或等于10 ℃。

（3）空气相对湿度以60%～70%为宜。

（4）土壤相对湿度以70%左右为宜。

（5）果实膨大期日平均气温大于或等于20 ℃积温以1000 ℃·d左右最为适宜。

（6）果实膨大期要有充足光照,平均每天日照时数大于6 h。

（7）微风天气可以促果园内空气交换,增强叶片蒸腾作用,也可避免苹果树枝干枯,果实日灼。

8.1.4.2　不利气象条件

（1）苹果幼果期遇−1 ℃的低温,幼果即受冻害而降低坐果率。成熟的果实可耐−4～−6 ℃的低温,但气温过低则会引起冻伤或腐烂。

（2）当日最高气温高于35 ℃时,则会降低苹果固态物质和糖分含量,且容易发生日灼,伤害果实。

（3）若果实膨大期降水少且灌溉不足（土壤相对湿度小于55%）,则影响果实的正常膨大,使果实小、品质差、产量低,严重时则使苹果早熟或落果,甚至影响次年苹果产量。

（4）阴雨天气多,尤其是长期连阴雨、寡照时,则影响果实增长,使果实含糖量低、品质变差。

（5）果实膨大期出现大风、暴雨、冰雹天气,易使果树落叶、落果、折枝、拔根,造成土壤流失,严重时造成果树倒伏枯死。

8.1.4.3　管理措施

（1）通过深翻扩穴、秋翻中耕、果园覆草、种植翻压绿肥等措施,增加土壤有机质含量,改善土壤的水、肥、气、热、微生物等环境条件,以提高土壤供肥能力。合理施肥、科学修剪,增强果树的抗旱能力。

(2)按照"春水迟,夏水勤,秋水控,冬水足"的原则适时进行灌水。重点浇好花前水、花后水及封冻水。花前水和花后水分别于开花前和开花后 10 d 左右,结合追肥进行,封冻水则在土壤封冻前浇,此外,在雨季前期若土壤干旱,仍需浇水 1~2 次。

(3)套袋。套袋时期一般在开花后 33~55 d 完成。套袋时要避开高温天气,选择在上午或下午进行。套袋后,果实在袋内生长发育 100 d 左右就可摘袋,一般在采果前 25 d 左右摘袋。摘袋后可及时铺反光膜。

(4)人工防雹,确保增产。冰雹轻者影响苹果果实外形,严重者不仅能造成果实大量脱落,还使枝叶、树体受损。积极开展人工防雹在一定程度上可以减轻雹灾损失。雹灾后应及时采取补救措施。

8.1.5　苹果着色成熟期

8.1.5.1　适宜气象条件

(1)苹果着色成熟期适宜的日平均气温为 10~20 ℃,以 14~18 ℃ 为最适宜。

(2)昼夜温差大于 12 ℃,有利于果实糖分的积累。

(3)土壤相对湿度以 65% 左右为宜。

(4)苹果成熟期需要充足的光照,平均每天日照时数大于 5 h 为宜。

8.1.5.2　不利气象条件

(1)当日最高气温高于 35 ℃ 或日平均气温高于 30 ℃ 持续 5 d 以上时,则果实着色不良或使着色的果实褪色。

(2)成熟的果实可耐 -6~-4 ℃ 的低温,气温过低则会引起冻伤或果实腐烂。

(3)苹果着色成熟期土壤湿度过高,则会使苹果贪青晚熟,易遭受霜冻灾害。

(4)当风速大于 6 m/s 时,容易使果实碰伤甚至脱落。

(5)秋季连阴雨天气,容易导致果实不着色或着色不良,果实表面光泽度降低,且口感差。

8.1.5.3　管理措施

密切关注天气变化,加强人工防雹,确保增产。

8.1.6　落叶休眠期

8.1.6.1　适宜气象条件

当日平均气温低于 15 ℃ 时,苹果树即开始落叶。落叶标志着休眠的开始。

8.1.6.2　不利气象条件

(1)研究表明,0~7.2 ℃ 的低温达 1440~1632 h 才能结束自然休眠。如果冬季低温不足,会使花芽发育不良,影响产量和品质。自然休眠期长的品种,发芽期晚,冻害较轻。

(2)大苹果树冬季日最低气温低于 -30 ℃,即可发生严重冻害,日最低气温低于

－35 ℃即可冻死；小苹果树可以抗－40 ℃的低温。

8.1.6.3　管理措施

(1)11月初对主干进行涂白,以涂抹到主干分叉处为佳。打保暖墙、树盘覆膜；2月底至3月初,化冻时在距树干北面50 cm处打50 cm高的圆弧形暖墙,树下铺1.4 m×1.4 m的薄膜,以提高树体根部土壤的温度,促进土壤解冻,促进树体根系的萌动,防止抽条。

(2)在果树休眠期要彻底清理果园,刮除树干粗皮、翘皮,消灭越冬虫源。同时将园内病果、病虫枝、落叶等清扫干净,将其集中烧毁或深埋。在清理果园后至冬至前,全园喷施一次杀虫剂,消灭枝干上的残余病虫。

(3)冬前灌水可以提高果树抵御严寒的能力,且能满足果树来年春季生长发育所需的水分。水的比热大,可以保持土壤比较稳定的温度,防止冻害。灌水时间宜在11月中旬进行。

8.1.7　苹果解袋气象指标

解袋时间不宜过晚：套袋苹果适宜着色的温度为13～15 ℃,当气温日较差大于10℃时,解袋后不但着色快,而且色泽鲜艳。当日平均气温低于13 ℃,气温日较差小于10 ℃时,则着色缓慢,即使着色,色调也不正常,影响果实外观质地。

忌中午高温时解袋：解袋应避开中午高温时段,要先解除外袋,隔3～5 d再解除内袋较为安全。否则,若遇上强日照天气,易造成果实晒伤,着色不良,商品率下降。

阴天不宜解袋：阴天解袋后若遇上连阴雨,则会造成果面粗糙,水锈严重,色泽暗淡,外观品质下降。

8.1.8　苹果喷药气象指标

气温：在20～30 ℃范围内用药,其效果比气温在20 ℃以下的天气条件使用要好。但当气温高于35 ℃时,由于高温会促进药物分解,而降低药效的持久性,喷出的雾滴水分也易挥发,导致局部药液浓度过大,易发生药害,且易引起人身中毒事故。

湿度：对大多数乳剂农药而言,空气湿度大,则会降低农药浓度,加大药液流失,降低药效。但对于有的撒施粉剂的农药,空气湿度大,则有利于药粉与作物茎叶的黏附,可以提高药效。

降水：若在下雨天喷施农药,药剂易被雨水冲刷而流失,导致药效降低甚至失效或无效。施药后,若4 h内没有降水,则有80%以上农药成分被作物吸收,若4 h后再下雨则对药效影响不大。

风：大风能促进药剂的发挥和散失,造成药剂浪费,同时易导致药液漂移,增加空气污染,导致人身农药中毒事故发生。据试验,3～4级风施粉剂农药,可造成1/4左右的药剂损失。因此,大风天气时不宜喷施,以静风或微风条件下施药最好。

8.2 梨

8.2.1 根系生长期

8.2.1.1 适宜气象条件

(1)当土壤温度高于 0.5 ℃时,梨树根系开始活动,在 6～7 ℃时,开始生长新根。

(2)土壤相对湿度以 60%～80%为宜。

8.2.1.2 不利气象条件

(1)当土壤温度高于 30 ℃或低于 0 ℃时,根系即停止生长。

(2)当土壤相对湿度小于 40%时,梨树根系正常生理活动受到影响。土壤水分过多,对梨树根系的损伤也很大,夏季高温,梨树在不流动的死水中受渍 1～2 d 即能导致梨树死亡。

8.2.1.3 管理措施

(1)土壤:梨树对土壤的适应性强,以土层深厚、土质疏松、透水和保水性能好、地下水位低的沙质壤土最为适宜。梨树对土壤酸碱适应性较广,一般土壤 pH 值在5～8.5 范围内均能正常生长,pH 值以 5.8～7 为最适宜。土壤含盐量小于或等于0.2%时,梨树能够正常生长,当土壤含盐量大于 0.3%时,则梨树根系生长受害,发育明显不良。

(2)种植:一般采用嫁接繁殖。供嫁接的砧木种类较多,常用的有白梨、秋子梨、沙梨等。提倡适度密植,一般梨园行距大于或等于 4 m 或大于或等于 5 m,株距大于或等于 2 m 或大于或等于 3 m。梨树每年都需要施肥,才能保证树体的健壮生长、开花和结果。未结果幼树,以施氮肥为主,结果后需要氮、磷、钾等肥料配合施用。

(3)修剪:剪除病枝、枯枝、虫害芽,进行枝干保护,刮除树干老翘皮,消灭潜藏在老皮裂缝中的越冬害虫,将剪下的枝条运出梨园,以减少病虫源。发现梨腐烂病后要彻底刮除并涂抹 9281。

8.2.2 萌芽期

8.2.2.1 适宜气象条件

(1)当日平均气温高于 5 ℃时,梨芽开始萌动。

(2)土壤相对湿度以 60%～80%为宜。

8.2.2.2 不利气象条件

(1)春季温暖干旱利于梨树白粉病的发生。

(2)发生土壤干旱时会使新梢生长量不足,长梢、中梢减少,叶片生长受阻。

8.2.2.3 管理措施

萌芽前,需加强肥水管理,新梢生长缓慢期,以施磷、钾肥为主。追肥采用多穴施肥法,穴深 30 cm,每株 20~30 穴,每穴施肥 25 g。

8.2.3 开花坐果期

8.2.3.1 适宜气象条件

(1)当日平均气温高于 10 ℃时,梨树即可开花;当日平均气温高于 15 ℃时,开花顺利;当日平均气温连续 3~5 d 在 15 ℃以上时,常可见梨花盛开。

(2)气温高、天气干燥、阳光充足时,开花快,花期短。

(3)土壤相对湿度以 60%~80%为宜。

(4)空气相对湿度以 60%~80%为宜。

(5)梨树开花最有利的天气条件是晴朗、无风或微风。

(6)花芽分化期要求有充足的光照和较多的紫外线。紫外线强、昼夜温差大,则有利于花芽分化。

8.2.3.2 不利气象条件

(1)现蕾期日最低气温低于-5 ℃,花蕾将受到冻害,开花期日最低气温低于-1.5 ℃时,梨花即受冻害,幼果期日最低气温低于-1 ℃时,即受冻害。

(2)气温低、空气湿度大,则导致开花慢,花期长。

(3)出现连阴雨或温度变化过大,会授粉受精不良,出现落花落果。

(4)大风天气不利于开花、授粉。

(5)光照不足会造成生长过旺,表现徒长,影响花芽分化和果实发育。如光照严重不足,则生长逐渐衰弱,最后导致死亡。

(6)梨是在前一年夏天完成花芽分化,最适宜日平均气温为 20~27 ℃。温度过高,致使养分消耗多,积累少,达不到花芽分化所需要的积累水平;温度过低,则影响正常生理活动,不利于叶片光合作用,也影响花芽分化。

(7)花芽分化期间,若土壤干旱,则会使水分、养料运输受阻,对花芽分化不利;若土壤过湿,则会使枝条贪青徒长,也对花芽分化不利。

8.2.3.3 管理措施

(1)授粉:梨树是异花授粉,传粉主要靠昆虫,南坡养蜂对授粉有利(蜜蜂 8 ℃开始活动,在 32 ℃以下时温度越高越活跃);北坡因温度低,以人工授粉效果较好。

(2)花期防霜冻:梨树开花早,花期多在晚霜前,极易受到晚霜冻危害。梨花受冻后,雌花蕊变褐,干缩,开花而不能坐果,防霜的办法有以下几种:①开花前灌水,可以降低地温,延缓根系活动,推迟花期,减轻或避免晚霜的危害;②开花前涂白树干,可使树体温度上升缓慢,延迟花期 3~5 d,避免或减轻霜冻危害;③熏烟能减少土壤热量的辐射散发,起到保温效果,同时烟粒能吸收湿气,使水汽凝成液体而放出热量,提高地温,减轻或避免霜害。

(3)开花期不能喷药,可人工摘除不落的花丛枯梢,消灭潜藏在内的病虫害。开花后 7 d 可喷施化学药剂,防治梨木虱、梨茎蜂、叶螨、蚜虫、干腐病等。

（4）对于结果较多的植株，可多追肥一次，追肥以氮、钾为主，以促进果实肥大和花芽分化。生长期内，根据叶色变化，可叶面喷肥数次，前期以喷施氮肥为主，后期需要氮、磷、钾配合喷施。

8.2.4　果实成熟采收期

8.2.4.1　适宜气象条件

（1）果实成熟期以日平均气温 20～27 ℃为宜。

（2）日较差大于 10 ℃有利果实着色和糖分积累。

8.2.4.2　不利气象条件

（1）冰雹天气，可使果实受伤或造成落果。

（2）涝渍会造成叶片黄化脱落，引起落果，还可造成裂果、果锈病，使果味变淡。

（3）大风容易使树叶脱落，折断树枝，导致落果。

8.2.4.3　管理措施

（1）加强病虫害管理，主要防治对象为果实及叶部病害、食心虫、卷叶蛾等。发现病害，及时摘除树上病果、捡拾地下病虫果，集中销毁。注意：果实成熟期不要喷施波尔多药液，以免污染果面。

（2）施肥：早熟品种的果实进入膨大期时，以施用复合肥为好，一般株产 200 kg 果实的大树追磷酸二铵 1～1.5 kg、过磷酸钙 0.5～0.7 kg、硫酸钾 0.3～0.5 kg。

（3）挂果多的树容易折伤大枝，故要加强顶、吊工作。

（4）积极开展人工防雹，在一定程度上可以减轻雹灾损失。

8.2.5　病虫害防治

（1）梨树腐烂病。梨树腐烂病主要为害主枝和侧枝的树皮，造成树皮腐烂。症状有溃疡型和枝枯型两种，重者则出现大量枯枝直至死亡。防治时要加强果园管理，控制坐果量，提高树体抗病能力。梨树萌动前喷 40% 福美砷可湿性粉剂 100 倍或腐烂敌 100 倍液，或波美 5 度石硫合剂，可起到预防作用。若发现病害，须及时剪除病枝、刮除病疤，集中烧毁，并在发病处涂抹福美砷可湿性粉剂 30～60 倍液。

（2）梨黑斑病。该病是梨树常见的多发病，主要为害果实、叶片和新梢。防治要点是加强栽培管理，梨园增施有机肥，避免偏施氮肥。结合冬季修剪，清除园内枯枝、落叶及病果，并做深埋处理。重病梨园树体发芽前喷 0.3% 五氯酚钠加 5Be 石硫合剂混合液，落花后再喷一次 200 倍石灰倍量式波尔多液，或 50% 代森铵 1000 倍液、退菌特可湿性粉剂 600～800 倍液、10% 多氧霉素可湿性粉剂 1000～1500 倍液，但一年内施药不能超过 3 次。上述药剂与波尔多液交替使用可提高防治效果、降低成本。

（3）梨星毛虫。梨星毛虫是梨树的主要食叶性害虫，以幼虫为害花芽、花蕾、叶片，一年可发生两次。越冬幼虫出蛰时是防治适期，即梨树花芽露白至花序分离期。

常用药剂有 50% 对硫磷乳剂 1500 倍液、50% 辛硫磷乳剂 1000 倍液、50% 杀螟松乳剂 1000 倍液、50% 马拉硫磷乳剂 1000 倍液、50% 敌敌畏乳剂 1000 倍液和 20% 杀灭菊酯乳液 3000 倍液。

(4)梨实蜂。梨实蜂(俗称花钻子、白钻虫)仅为害梨树。成虫产卵于花萼内,幼虫最初在花萼基部内环向串食,被害处变黑以后蛀入果心,使幼果干枯脱落。落果前幼虫爬出,转而为害其他幼果。防治时可利用成虫的假死性,在树冠下接布单,振落成虫杀灭,或在产卵期人工摘除有卵花果和有虫幼果。在梨树开花前 10～15 d,成虫羽化出土时,用 25% 对硫磷 300 倍液、25% 辛硫磷 300 倍液或 40.7% 乐斯本乳油 600 倍液进行地面喷雾,重点喷施在树干周围 1 m 内。

8.3 板栗

8.3.1 萌芽、展叶期

8.3.1.1 生长发育特点

板栗芽一般在 4 月上旬开始萌动,萌芽后 8～12 d 开始展叶,15～20 d 达到展叶盛期。5 月上旬新梢开始生长。

8.3.1.2 适宜气象条件

(1)当 30 cm 深土壤温度达到 8.5 ℃时,板栗根系开始活动,高于 20 ℃时,则根系生长旺盛。

(2)当日平均气温达到 13 ℃时,板栗芽开始萌动。板栗萌芽展叶最适宜日平均气温为 16～18 ℃,较高的温度能使展叶速度加快。

(3)30 cm 土壤相对湿度以 40% 左右为宜。

(4)萌芽展叶期平均每天日照时数以 7～8 h 为宜。

8.3.1.3 不利气象条件

(1)春季干旱少雨,降水量比同期偏少 6 成以上,或连续阴雨日数大于 7 d,则容易引发栗实象虫害。

(2)干旱可导致新梢生长不良,幼芽发育受到抑制,严重受旱时则枝叶枯黄凋萎。

(3)板栗喜潮湿土壤,但怕涝灾,连续积水 30～60 d,则栗树根系腐烂,树体死亡。

(4)若萌芽展叶期遇晚霜冻,则会冻坏叶片,推迟开花。

(5)平均每天日照时数大于 8 h,会提早开花,日照时数小于 7 h,则会延迟开花,对生长不利。

8.3.1.4 管理措施

(1)栽培:板栗抗风能力较弱,不宜栽植于土薄风大的山顶,应选择光照条件好的缓坡地、斜坡地的中段或平坦的向阳地,以避风向的马蹄形地形为最佳。为营造良好的小气候,幼龄板栗和稀植栗园可间作植株矮小、生长期较短、与栗树无共同病虫害的作物,如花生、大豆、蘑菇等,不宜间作玉米、高粱等高秆长蔓作物。

(2)土壤:栗树含锰量高,酸性土壤可以活化锰,钙元素有利于板栗生长,故在 pH 值 5～6 的微酸性土壤中种植,有利板栗树吸收土壤营养物质。

(3)灌溉:栗芽萌发前遇旱或施肥后都要浇水,缺乏水源的山区及时浅锄或以地膜覆盖地面的形式提高地温,保持土壤水分。地势较低的栗园要注意修好排水通道。

(4)施肥:萌芽期的肥水管理一般以施速效氮肥为主,磷肥钾肥配合施加效果更好。春季新栽的板栗树每株施加 0.3～0.5 kg 尿素,成年树每株施加 2 kg。施肥后要及时浇水,方能充分发挥追肥功效。

8.3.2   开花期

8.3.2.1   生长发育特点

板栗萌芽后 30～40 d 即进入开花期。雄花序于 5 月下旬出现,在一个雄花序上基部的雄花先开,逐渐向上延伸,先后相差 15～20 d。雌花的花穗比单雄花的花期晚 5～7 d 左右,雌花没有花瓣。开花过程可分雌花出现、柱头出现、柱头分叉、柱头展开、柱头反卷 5 个阶段。从柱头分叉到展开,这段时期柱头保持新鲜,柱头上绒毛分泌黏液大约有 30 d,这是板栗授粉的主要时期。

8.3.2.2   适宜气象条件

(1)板栗开花期适宜的日平均气温为 16～26 ℃。利于开花坐果。

(2)光照充足有利于板栗授粉受精。

(3)微风有助于传粉受精,便于结果。

8.3.2.3   不利气象条件

(1)当日平均气温低于 15 ℃ 或高于 27 ℃ 时,将影响板栗授粉受精和坐果。

(2)板栗开花期为营养生长与生殖生长并进时段,此时段对热量要求较为敏感,若热量不足,将直接影响花蕾形成及坐果率的提高。开花期若日平均气温比常年偏低 1～2 ℃,日照时数小于 6 h,则导致当年板栗产量减产 15%～25%。

(3)若日极端最低气温低于 5 ℃ 将导致花芽受冻。

(4)光照不足,致使树冠直立向上,叶薄,枝梢生长差,绿叶层薄,花芽分化不良。

(5)若干旱时间较长,则营养缺乏,造成雌花量减少、花期缩短、落花落果。

(6)若开花期降水量过大,雨日过多,常使授粉、受精不良。

(7)开花期风速大于 10 m/s 时,对板栗授粉有较大影响。

8.3.2.4   管理措施

(1)开花期增施有机肥料,确保足够的养料供应,使花粉受精正常进行。

(2)确定合适的种植密度,适当修剪枝条,改善光照条件。

(3)在开花期增施硼肥,特别是在缺硼的土壤中增施硼肥,能有效地降低空苞率,提高单株产量。

8.3.3 幼果生长期

8.3.3.1 生长发育特点

7—8月板栗幼果开始生长发育,果实内淀粉、糖分开始累积。

8.3.3.2 适宜气象条件

(1)适宜的日平均气温为15~27 ℃。

(2)平均每天日照时数大于或等于6 h。

(3)30 cm土壤相对湿度为40%左右。

8.3.3.3 不利气象条件

(1)光照不足,幼果生长发育不良,落果严重。

(2)日平均气温低于15 ℃或高于27 ℃,影响幼果生长发育。

(3)30 cm土壤相对湿度小于10%即生长停止,小于9%时则导致枝叶凋萎,大量落果和空苞。

8.3.3.4 管理措施

(1)加强病虫害防治。幼果生长期栗实象开始咬食栗果,该虫多发生在山地栗园,丘陵栗园次之,平地栗园较少,凡栗园附近有野生茅栗树的受害较重。气温低、湿度大,容易发生栗大蚜、栗绿蚜、栗红蜘蛛等虫害,板栗干枯病、板栗炭疽病等病害,则在晴天气温高时易发生。

雨季喷药需注意药剂选择,最好在药剂中添加增效黏着剂,以提高抗雨水冲刷能力,或者调高药剂浓度。遇大风天气则应停止喷药,因药剂不能被叶片有效附着,也容易引起人员中毒。要随时清理果园的染病枝叶,焚烧或深埋处理病死树枝,冬季要进行一次整体清理烧毁,以防来年再次感染。若栗实象发生较重时可用化学方法(选用菊酯类农药8000倍溶液喷洒,或施放"六二一"烟雾剂)和物理方法(摇动树枝,将震落的成虫收集杀死)相结合来控制其危害,效果较好。

(2)加强栗园肥水管理,增强树势,提高树木免疫力。7月下旬—8月中旬是进行夏季追肥的最好时间,此时追肥可以使果实颗粒增大且内部饱满,显著提高板栗的品质。

8.3.4 果实膨大期

8.3.4.1 生长发育特点

8下旬—9月下旬板栗果实开始膨大发育,进入灌浆期,栗粒开始增大、果肉变得饱满。

8.3.4.2 适宜气象条件

(1)果实膨大期适宜的日平均气温为20~22 ℃。

(2)果实膨大期降水量以60~80 mm为宜。

(3)光照充足,有利于增强叶片光合效能,增加树体养分积累,利于果实灌浆膨大。

8.3.4.3 不利气象条件

(1)果实膨大期若日平均气温低于 20 ℃,则导致坚果偏小,成熟期延长。当日平均气温低于 16 ℃,则灌浆基本停止。当日最高气温高于 35 ℃时,也会影响灌浆。

(2)果实膨大期若光照不足,则抑制果实生长甚至落果,造成产量降低。

(3)果实膨大期若降水量大于 80 mm 或小于 60 mm,则导致光合产物下降,果实品质下降。若出现 15 d 左右的伏旱,降水量小于 40 mm,则果实膨大受阻,致使果实小,单产会降低 20%。

8.3.4.4 管理措施

(1)遇较长时间干旱应及时浇水,灌浆期干旱时浇 1 次水可增产 30%,浇 2 次水可增产 40%~45%。水源充足,可全园灌溉。水源条件差,可树下穴灌,水渗下后,在穴上覆盖地膜保墒,增产效果更佳。

(2)修好排水沟,及时排水,以防止形成涝灾。

(3)每 5~10 d 进行一次有针对性的喷药防治病虫害。

(4)果实膨大期施肥以速效性三元复合肥最佳,一般每亩施 20~25 kg,呈放射状浅沟追施效果最好。

8.3.5 果实成熟期

8.3.5.1 生长发育特点

9 月下旬—10 月下旬为果实成熟期,板栗开始成熟,陆续收获。

8.3.5.2 适宜气象条件

(1)果实成熟期适宜的日平均气温为 20~22 ℃。

(2)从板栗坚果生长到成熟期,降水多且集中,有利于增产。

8.3.5.3 不利气象条件

(1)秋季降温早,则影响果实成熟。

(2)果实成熟期雨水过多会引起苞皮破裂,导致在采收前就落果,降低了果实的品质和耐贮性。

(3)连阴雨日数大于 7 d,平均每天日照时数小于 6.5 h,则会引起板栗果实霉变,虫蚀率增加,光泽度下降,不利于果实储存和运输。

(4)秋旱常造成果实发育不良,糖与淀粉含量低,出现"空苞"。

8.3.5.4 管理措施

(1)若秋季气温下降缓慢,落叶时间推迟,可延长光合作用时间,同时,对根系生长也有利,可提高板栗耐寒能力,对来年增产有一定作用。

(2)采用滴灌的抗旱方法,可以有效解决干旱对板栗的影响。

(3)收获前 30~45 d,分两次喷洒 0.1%的磷酸二氢钾,可以将营养物质有效地转移给果实,以提高果实质量。板栗收获后还需进行施肥管理,此时板栗树的新根正在生长,较高的气温有利于肥料的腐熟,利于栗树吸收。

(4)栗果成熟时,宜选择晴天进行采收,阴雨或雨后初晴或晨露未干时都不宜采收,否则易招致病菌寄生。采收后需采用适当的贮藏方法如沙藏法等保持栗果的品质。板栗十分娇嫩,怕热怕水怕干。收后要将栗苞放置在通风处"发汗"2~3 d,再进行人工脱粒摊晾,以晾干到比鲜重减少5%~10%,再剔除虫果、烂果,收藏包装。

8.3.6　休眠期

8.3.6.1　生长发育特点

进入10下旬,板栗树开始逐渐进入休眠期,生长发育缓慢且接近停止,12月大量落叶开始休眠。

8.3.6.2　适宜气象条件

当日平均气温降到3~4 ℃时,板栗树开始落叶,板栗休眠期以日平均气温0 ℃左右为宜。

8.3.6.3　不利气象条件

(1)12月中旬—1月上旬平均气温低于−8.5 ℃,往往造成来年板栗减产。

(2)冬季极端最低气温低于−30 ℃时,幼树和新梢在越冬休眠期常会受到冻害。

8.3.6.4　管理措施

(1)板栗树冬眠期,在果树行间覆盖作物秸秆、树叶,或在果树周围1 m的直径范围内铺设地膜等,此方法既可保墒,又能提高地温。

(2)针对果树根颈部易受冻的特点,对果树进行培土15 cm厚,开春后再扒开。

(3)入冬前,用稻草绳缠绕主干、主枝,或用稻草捆好包裹树主干。

(4)入冬前,用生石灰1.5 kg、食盐0.2 kg、硫黄粉0.3 kg、油脂少许(作用是避免雨水淋刷)、水5 kg等拌成糊状溶液,涂白果树主干,特别是离地面0.5 m的主干,以减少地面辐射降温。

(5)冻前灌水或冻时喷水防寒,利用水结冰降温时放出大量潜热的原理,在封冻前,即土壤"夜冻昼化"时对果树进行灌水或在冻害将发生时喷水,使地温保持相对稳定,从而减轻冻害。但灌水要灌透,才能收到好的效果。

(6)在结冰或下雪天气及时摇落树上冰柱或积雪。

(7)加强苗地及中幼龄栗园的管护,搭棚或用稻草覆盖防寒防冻。

8.4　山楂

8.4.1　萌芽期(3月下旬—4月上旬)

8.4.1.1　适宜气象条件

(1)当日平均气温高于8 ℃时,山楂开始萌芽。

(2)土壤相对湿度以 60%～80%为宜。

8.4.1.2　不利气象条件

当土壤相对湿度小于 60%时,不利于萌芽。

8.4.1.3　管理措施

(1)山楂树根浅,不耐旱,比较耐涝。丰产树、丰产园,适宜规划在有水浇条件的平地、滩地或湿润的山谷、半阴坡、背阴坡处。

(2)有灌水条件的在追肥后浇 1 次水,以促进肥料的吸收利用。

(3)对于白粉病发病较重的山楂园,需在萌芽前喷 1 次 0.5°Be 石硫合剂。

8.4.2　开花坐果—果实膨大期(5 月下旬—8 月下旬)

8.4.2.1　适宜气象条件

(1)山楂开花坐果期适宜的日平均气温高于 18 ℃。

(2)光照充足,有利于花芽分化和果实发育生长。

(3)风速小于 2 m/s 的微风天气,有利于提高授粉率,且适宜的风速可以降低果园的空气相对湿度,减少病虫害的发生。

8.4.2.2　不利气象条件

(1)山楂开花期若日平均气温低于 18 ℃,则花期延长。

(2)山楂开花期若光照不足,则严重影响坐果率,导致果实偏小,含酸量较高。当平均每天日照时数为 3～5 h 时,山楂基本不能坐果,当日照时数小于 3 h 时,则山楂不坐果或坐果很少。

(3)大于 8 m/s 的大风天气不利于山楂生长发育,若在开花期出现大风天气,则容易造成落蕾落花,降低坐果率。若在展叶期和抽梢期出现大风天气,则容易使新梢折断,新的叶子撕裂,甚至将大枝吹折或撕裂。

8.4.2.3　管理措施

(1)开花期结合追肥适时进行浇水,以提高坐果率,浇水过程中应该注意勤浇少浇,避免一次浇水过多导致烂根现象。

(2)山楂怕涝,雨季低洼易积水的山楂园区要及早挖好排水沟以利于排水。

(3)在山楂开花前、幼果期和果实膨大期喷施叶面肥＋"瓜果壮蒂灵",可使山楂的果柄增粗,防止落花落果,提高果实膨大速度。

(4)防治病虫害。5 月上旬—6 月上旬,喷施 2500 倍灭扫利防治红蜘蛛和桃蛀螟;6 月中旬,喷施 100～150 倍对硫磷乳油,杀死越冬代食心虫幼虫;7 月上旬和 8 月上中旬,分别喷施 1500 倍对硫磷乳油,消灭食心虫的卵及初入幼果的幼虫;谢花后 7 d 左右,喷施 80%多菌灵 800 倍液,防治山楂轮纹病;6 月中旬、7 月下旬、8 月上旬和中旬各喷 1 次杀菌剂;对于白粉病发病较重的山楂园,在花蕾期和 6 月各喷施 1 次 600 倍 50%可湿性多菌灵或 50%可湿性托布津,可起到较好的防治作用。

(5)盛花期喷施 0.004%～0.006%的赤霉素,对提高坐果率和增大果实有显著效果,喷施部位为花序,喷至滴水为止。

(6)落花后,当果实长到直径为 0.2～0.3 mm 时,需进行疏果,对于结果新梢粗壮的每花序留 7～8 个果,对于细弱的新梢则留 3～4 个果或不留果。

(7)加强人工防雹,防止落花落果。

8.4.3 成熟期(9 月上旬—10 月上旬)

8.4.3.1 适宜气象条件

(1)日平均气温高于 9.5 ℃,山楂可以正常成熟。

(2)平均每天日照时数大于或等于 7 h 时,山楂结果最多,日照时数为 5～7 h 则结果良好。

8.4.3.2 不利气象条件

(1)当日平均气温低于 9 ℃时,导致山楂成熟期延长。

(2)在采收期如遇大风,由于叶果的重量较大,枝干的受力有一定限度的原因,可能造成大量落果,树枝折裂,使得产量减少。

8.4.3.3 管理措施

(1)在低洼易涝、土壤黏重的山楂园,建排水沟注意排水防涝。

(2)山楂在接近成熟时增重速度较快,应尽量避免过早采摘。当果实上有较明显果点时方可采摘,同时也要防止果实脱落。

(3)采摘时要用手摘,不要造成碰压伤。采收的山楂装入聚乙烯薄膜袋中,每袋装 5～7.5 kg,为防止散热不良,需放在阴凉处单层摆放,5～7 d 后扎口(山楂呼吸强度高,膜厚的袋口不要扎紧)。山楂贮藏前期白天需揭去覆盖物散热,待最低温度降至-7 ℃时,上面需盖覆盖物防冻,此方法贮藏山楂至春节前后,果实腐烂率在 5%之内。

(4)加强人工防雹,确保增产增收。

8.5 葡萄

8.5.1 全生育期环境条件

年降水量为 350～1500 mm 的地区都能栽培葡萄。早熟品种如乍娜等需要日平均气温大于或等于 0 ℃的有效积温 2500～2900 ℃·d,中熟品种如玫瑰香、巨峰等需要 2900～3300 ℃·d,晚熟品种如红地球等需要 3300～3700 ℃·d。葡萄是喜光植物,对光反应敏感。在充足的光照条件下,植株生长健壮,叶色绿,叶片厚,光合效能高,花芽分化好,枝蔓中积累的有机养分多。较高的日间温度和较低的夜间温度可以保证果实的良好生长和成熟。

8.5.2 萌芽期

8.5.2.1 适宜气象条件

(1)早春日平均气温达 10 ℃左右,30 cm 地温在 7～10 ℃时,欧亚和欧美杂交品种葡萄开始萌芽,山葡萄及其杂交品种在地温为 5～7 ℃时即开始萌芽。

(2)在早春萌芽期、新梢生长期和幼果膨大期均要求有充足的水分供应,土壤相对湿度以 70%左右为宜。

(3)空气相对湿度以 70%～80%为宜。

8.5.2.2 不利气象条件

葡萄萌芽期的冻害指标为日最低气温 -3～-4 ℃。

8.5.2.3 管理措施

(1)萌芽率在 80%以上即进入萌芽期,在葡萄即将萌芽时出土上架,过早上架,根系未开始活动,枝芽易抽条,过晚上架则芽若在土中萌发,上架时易碰掉芽眼。

(2)出土上架后及时灌水,上架时枝蔓要拉直,架面平齐,灌水时需一次灌足,土壤相对湿度达到 70%,以确保萌芽整齐。

8.5.3 新梢生长—花芽分化期

8.5.3.1 适宜气象条件

(1)植株新梢生长—花芽分化期适宜的日平均气温为 25～30 ℃。

(2)新梢生长期空气相对湿度以 70%～80%为宜,开花期以 30%～40%为宜。

(3)光照充足,有利于开花坐果。

8.5.3.2 不利气象条件

(1)当气温为 -1 ℃时,嫩梢和幼叶会发生冻害,当气温为 0 ℃时,花序即发生冻害。

(2)当日平均气温低于 10 ℃时,新梢不能正常生长,低于 15 ℃时则葡萄不能正常开花和授粉受精。

(3)当日最高气温高于 35 ℃时,则光合作用停止,当气温高于 40 ℃的持续时间较长时,则会出现嫩梢枯萎,叶片变黄脱落。

(4)光照不足时,新梢生长细弱,叶片薄,叶色淡,果穗小,落花落果多,产量低,品质差,冬芽分化不良。

(5)在葡萄开花期,如果天气连续阴雨低温,就会阻碍正常开花授粉。

(6)开花期空气相对湿度小于 25%时,则葡萄柱头和花粉囊干枯,影响授粉和受精。

8.5.3.3 管理措施

(1)葡萄从萌芽到开花前止,大约需 30 d,此时期为长梢、长叶及花芽分化期。在开花前后主梢上靠近下部的冬芽先开始花芽分化,随着新梢延长,新梢上各节的冬芽一般从下而上逐渐开始分化,此期营养供应是由前一年冬季树体贮藏营养供应为主。其"树相"标准为叶片颜色为淡绿,新梢长度 60～70 cm,控制营养生长,促进花分化为这一时期栽培任务,其管理技术:①严格控制灌水,但在催芽期要灌足催芽水,也可以在开花前 10 d 左右灌 1 次小水(地面渗入 3 cm)。②严格控制施用氮肥,适当施入钾肥。③适时抹芽定梢。如果树势较旺则抹芽定梢适当迟些,树体若偏弱则抹芽定梢需提早进行,为了缓和树势,抹芽应分次进行。抹芽定梢的原则为抹除有病的、位置不正的、没有花的大枝,留下的枝梢应比较整齐一致,保证每平方米架面留 12 个枝梢。④稀花穗掐穗尖,要求一梢一穗,特别强的梢可以留 2 穗,弱梢则不留穗,去掉副穗,掐去穗长 1/3。⑤摘心。为了提高坐果率,新梢控制在 60 cm 以内,在开花前2～3 d 留 4 片叶摘心,结果蔓在花序前留5～7 片叶摘心,以改善营养状况。

(2)从始花到终花称为花期,此时是决定产量关键时期。花期对树相要求是新梢生长缓慢,在适宜的温度条件下,有利于花药开裂。在葡萄开花期不宜进行灌水。

(3)始花前疏除过多的花序,原则是留大去小、留壮去弱。枝蔓生长到一定程度时绑在架面上,及时除去卷须,以减少养分消耗。葡萄坐果率高,可适当疏果,使果实大小均匀,否则出现畸形果和小果。

8.5.4　果粒形成期

8.5.4.1　适宜气象条件
(1)适宜的日平均气温为 20～28 ℃。

(2)空气相对湿度以 30%～40% 为宜。

(3)土壤相对湿度以 70% 左右为宜。

8.5.4.2　不利气象条件
在葡萄生长期,如土壤过分干旱,根系难从土壤中吸收水分,葡萄叶片光合作用速率低,制造养分少,也常导致植株生长量不足,易出现老叶黄化,甚至植株凋萎死亡。

8.5.4.3　管理措施
(1)一般开花后 40 d 左右,果粒达黄豆粒大小时进行套袋防治果实病虫害。

(2)颗粒形成期幼果生长迅速,此时段需要大量水分。灌溉时以小水勤灌为主,即 5～6 d 灌 1 次小水,以地面湿透 3 cm 左右为宜。

(3)颗粒形成期也需大量氮肥,可以根外追肥,也可以用 0.1%～0.3% 尿素喷施叶面肥。

(4)保证成熟期果粒在 10 g 以上,果穗在 0.5 kg 左右,果穗长成长圆柱形。

8.5.5　成熟期

8.5.5.1　适宜气象条件
(1)葡萄成熟期的最适温度为日平均气温 28～32 ℃,在这样的温度条件下,有利于浆果糖分的积累和有机酸的分解。

（2）在浆果接近成熟时昼夜温差达 10 ℃以上，有利于提高浆果的含糖量。

（3）土壤相对湿度以 60％左右为宜。

（4）空气相对湿度以 30％～40％为最适宜。

8.5.5.2　不利气象条件

（1）浆果成熟期若是温度不足，则浆果着色不良，含糖量降低，甚至不能充分成熟。

（2）浆果成熟期雨水过多，会引起葡萄果实糖分降低，出现裂果，严重影响果实品质。

（3）持续干旱也会导致裂果。

（4）大风、冰雹等灾害性天气会导致葡萄落叶、落果。

8.5.5.3　管理措施

（1）浆果成熟期果实含糖量逐渐增加，酸及单宁含量减少，果肉变软。此时期对树相要求是 85％新梢停止生长。在葡萄管理上注意控制灌水次数，即在浆果成熟前期适当给浇小水，在浆果成熟中后期则不需再浇水，遇降水天气注意排水。大穗浆果此期易裂果，注意控制架面，且不提倡喷着色剂。

（2）浆果采收后，植株的光合作用仍在继续，光合产物积累到芽、根、蔓内，其管理措施为停止灌水，雨天排涝，早秋施基肥，提倡挖沟施肥。

8.5.6　落叶休眠期

当日平均气温下降到 10 ℃时，葡萄即停止生长，叶片开始变黄脱落。

葡萄自然休眠要求一定的低温期，即气温低于 7.2 ℃（以 0.6～4.4 ℃为最好）的时间。低温持续时间以 1000～2000 h 为宜，最短也要 200～300 h，低温期越长，来年芽眼萌发越快。

休眠期欧洲葡萄品种的芽能忍受 −18～−16 ℃的低温。葡萄充分成熟的枝条能忍受 −22～−20 ℃的低温，多年生的老蔓在 −26～−20 ℃时才发生冻害。

葡萄叶落了就可以进行冬剪，采用龙干形整枝短梢修剪方法，埋土之前需全园清扫落叶，并集中烧毁处理。上冻之前需灌封冻水。

8.5.7　葡萄病虫害防治

8.5.7.1　白腐病

（1）症状：白腐病主要为害果实和穗轴，也能为害枝蔓和叶片，发病时先从距地面较近的穗轴或小果梗开始，起初出现淡褐色不规则的水渍状病斑，逐渐蔓延到果粒，果粒发病后，病果由褐色变为深褐色，果实软腐，果皮上密布白色略突出的小点，以后病果逐渐干缩成为有棱角的僵果，并带有明显的土腥味。枝蔓发病多在受伤的部位，病斑起初为淡红褐色水渍状椭圆斑，以后颜色逐渐变深，表面密生略为突起的灰白色小点。发病后期,病蔓皮层与木质部分分离、纵裂、纤维散乱如麻,发病部分两端变粗。叶片发病时先从叶缘开始产生黄褐色大病斑,病斑上有明显的同心轮纹,发病后期病斑部产生灰白色的小点,最后叶片干枯,且易破裂。

(2)防治:①秋末认真清理园区,冬季结合修剪,剪除树上病蔓并及时彻底烧毁。②加强栽培管理,创造良好的通风透光条件,降低田间湿度。③坐果后经常检查下部果穗,发现零星病穗时及时摘除,并立即喷药。以后每隔 15 d 复喷 1 次,直至果实采收前为止。常用药剂:50%多菌灵 800 倍液,50%甲基托布津 800 倍液和 50%福美双 700~1000 倍液。④套袋可减轻白腐病的危害。

8.5.7.2 霜霉病

(1)症状:叶片初发病时为细小的不规则形淡黄色水渍状斑点,以后斑点逐渐扩大,并在叶片正面出现黄斑,叶背面形成白色的霜状霉层,发病严重时,叶片焦枯卷缩,早期脱落。

(2)防治:①冬季清园。②加强管理,保持通风透光条件,适当增施氮肥、钾肥。

(3)药剂防治:发病初期喷施 160 倍石灰半量式波尔多液或 65%代森锌 500 倍液,40%乙膦铝可湿性粉剂 300 倍液,每隔 10~15 d 喷施 1 次,连续喷施 2~3 次。

8.5.7.3 葡萄锈病

(1)症状:葡萄锈病也是一种真菌性病害,在我国北方葡萄产区多零星发生,一般为害不重。此病主要为害叶片,叶片被害处正面出现黄绿色病斑,叶背面则发生橙黄色夏孢子堆,成黄色粉末状,后期在病斑处产生黑褐色多角形斑点即孢子堆。

(2)发病规律:葡萄锈病菌在寒冷地区以冬孢子越冬,初侵染后产生夏孢子,夏孢子堆裂开散出大量夏孢子,通过气流传播,叶片上有水滴及适宜温度时,夏孢子长出芽孢,并通过气孔侵入叶片。菌丝在细胞间蔓延,以吸器刺入细胞吸取营养,后形成夏孢子堆。潜育期约 7 d,再次侵染可在生长季适宜条件下多次进行,至秋末又形成冬孢子堆。有雨或夜间多露的高温季节利于锈病发生,管理粗放且植株长势差易发病,山地葡萄较平地发病重。

(3)防治方法:①清洁葡萄园,加强越冬期防治。秋末冬初结合修剪,彻底清除病叶,集中烧毁。枝蔓上喷洒 3~5°Be 石硫合剂或 45%晶体石硫合剂 30 倍液。②结合园艺性状选用抗病品种。一般欧洲种抗病性较强,欧美杂交种抗性较差。抗性强的品种有玫瑰香、红富士、黑潮等。此外金玫瑰、新美露、纽约玫瑰、大宝等中度抗病,巨峰、白香蕉、斯蒂本等中度感病,康拜尔、奈加拉等高感锈病,生产上应注意应用。③果实采收后仍要加强肥水管理,保持植株长势,增强抵抗力,山地果园保证灌溉,防止缺水缺肥。

8.6 枣

8.6.1 萌芽期

8.6.1.1 适宜气象条件

(1)枣树生长发育对温度要求较高,春季日平均气温为 13~14 ℃时,枣树即开始萌芽。

(2)适宜的土壤相对湿度为 70%~80%。

8.6.1.2 不利气象条件

(1)枣树萌芽后,抗寒力逐渐下降,当日最低气温为-6~-3 ℃时,新芽就会被冻坏。

(2)土壤干旱对枣树萌芽不利。

8.6.1.3 管理措施

(1)春季气温偏低和土壤干旱对枣树萌芽均有不利影响,枣树萌芽期要注意预防低温冻害和干旱。有条件的枣树园区可以在萌芽前进行灌水,以利于满足萌芽时对水分的需求。

(2)枣树萌芽前适宜枣树栽植和高接换种,高接换种就是在原有枣树的树冠上,改接优良品种,进行品种更新。通过采用此项技术措施,一般 2~3 年即可恢复原有树冠大小,产量恢复快、效益明显提高,高接换种是果品结构调整、低产果园改造常用的技术措施。

(3)萌芽前在缺枝部位刻芽:于芽上 0.5~1 cm 处横刻一刀,以促进生长分枝。萌芽后要及时抹除无用芽。

(4)枣树萌芽前可喷施 3~5°Be 石硫合剂、代森锰锌或波尔多液等杀菌剂进行枣园杀菌防病。

8.6.2 抽枝展叶期

8.6.2.1 适宜气象条件

(1)抽枝展叶期日平均气温以 18~20 ℃为宜。

(2)土壤相对湿度以 70%~80%为宜。

8.6.2.2 不利气象条件

(1)当日最低气温降到-2~0 ℃时,枣树花蕾正常生长发育受阻。

(2)冰雹天气会导致枣树枝叶受损。

(3)长时间干旱,使枣树生长发育速度减缓。

8.6.2.3 管理措施

(1)加强水肥管理,及时灌溉,以满足枣树对水分的需求。

(2)及时中耕,保持土壤疏松,除尽杂草,减少养分消耗。

(3)疏除过密的和位置不当的枣头,枣头长出 3～5 个二次枝时摘心,对于生长过旺的植株和树枝采取环切方法,以抑制其过速生长。

(4)加强病虫害防治,1.3％苦参碱＋抗粉虱可以防治绿盲蝽象、枣黏虫,对于大灰象甲可采用人工震落法进行捕杀。

8.6.3　开花期

8.6.3.1　适宜气象条件

(1)当日平均气温为 19～20 ℃时,枣树即进入始花期,当日平均气温为 21～25 ℃时,则进入盛花授粉期。

(2)空气相对湿度以大于 60％为宜。

(3)土壤相对湿度以 70％～80％为宜。

(4)充足的光照条件有利于枣树开花授粉。

8.6.3.2　不利气象条件

(1)开花期若日最低气温降到 8 ℃、最高气温升到 35 ℃时,枣花就会停止生长发育。

(2)枣树开花后 3 d 日平均气温均低于 23 ℃,则不利于坐果。

(3)空气相对湿度小于 40％时,花粉几乎不能发芽。

(4)土壤水分不足,则会影响花粉发育和花粉管生长,致使授粉受精不良,导致落花落果。

(5)连续 3 d 阴雨或大雾天气,枣花就形成"泡花",则会明显影响正常的授粉受精活动,降低坐果率。

8.6.3.3　管理措施

(1)夏季修剪可控制枝条生长量,培养健壮结果枝组,减少养分损失,促进开花坐果。

(2)若空气湿度小时,可进行人工喷水,增大空气相对湿度,以利花粉发芽和花粉管的生长,促进授粉受精。

(3)叶面喷肥,土壤追肥和灌水,以补充树体营养,满足树体快速生长对养分的需求,提高坐果率。

(4)枣园引进蜂群,可加强授粉,促进坐果。一般在花前 2 天就将蜂箱放于枣园中,枣园放蜂的数量与枣园面积与蜂箱的数量和活力有关,标准蜂箱(一般 3～4 万只蜜蜂)每亩可放置 2～3 箱。

(5)枣树生长季节对枣园进行中耕除草很有必要,特别是生长旺盛期和雨后天晴必须抓紧松土保墒,结合除草可顺便铲除不作繁殖用的根蘖。

8.6.4　结果期

8.6.4.1　适宜气象条件

(1)果实生长期日平均气温以 24～25 ℃为适宜。

(2)空气相对湿度小于60%。

(3)平均每天日照时数为11~12 h时,枣树枝叶茂密,果实膨大较快。

8.6.4.2　不利气象条件

(1)当日最高气温高于35 ℃时,枣果生长发育受阻,持续高温天气则会造成生理落果。当日最高气温高于38 ℃时枣果停止生长。

(2)果实发育后期和成熟期若降水过多,则影响果实发育,且引起落果、烂果而减产。

(3)冰雹、大风天气容易造成树枝损伤,引起落果。

8.6.4.3　管理措施

(1)在幼果膨大期,若遇干旱,及时给枣树灌水,以保证枣果的正常生长。

(2)幼果期对树盘进行中耕除草,以减少杂草对营养、水分的竞争,促进果实发育。除掉的杂草可覆盖在树盘上,既保墒,又可在腐烂后变成有机质随雨水进入根层,作为肥料给树体营养。

(3)及时剪除黏虫苞、黑蝉等危害树枝,病虫害严重时可喷施化学药剂进行防治。

(4)叶面喷施0.2%~0.3%磷酸二氢钾叶面肥,可以提高果实品质。

(5)加强人工防雹,预防落果减产。

8.6.5　成熟可采期

8.6.5.1　适宜气象条件

(1)日平均气温以18~22 ℃为宜。

(2)雨日少,多晴朗天气,昼夜温差大于12 ℃,有利于果实糖分的积累。

(3)空气相对湿度小于60%。

8.6.5.2　不利气象条件

(1)日平均气温低于16 ℃易形成皱果。

(2)秋季连阴雨、大雾天气会造成果实裂果、霉烂,发生缩果病、枣锈病等。

(3)冰雹、大风天气会造成果实提前脱落,形成风落枣,降低品质。

(4)霜冻灾害造成枣假成熟,使枣品质下降。

8.6.5.3　管理措施

(1)果实发育后期到成熟期是主要的物质积累时期,此时应施足肥料,以保证果实品质的提高,施肥时应注意氮、磷、钾配合施用,以每亩施三元复合肥20~25 kg为适宜。

(2)果实发育后期到成熟期,要防止田间含水量过大,导致土壤缺氧,致使根系吸收功能受损,从而导致树体各个器官的生长受阻,造成落叶落果、烂果、裂果现象。

(3)根据枣果的用途,分期分批进行适时采收,以保证果实品质,鲜食品种应在脆熟期采收。

8.6.6 落叶休眠期

8.6.6.1 适宜气象条件

当日平均气温为 13～15 ℃时,枣树即开始落叶,先落叶后落枝,落枝的过程证明根系活动已经停止,落枝结束,则枣树开始进入休眠期。

8.6.6.2 不利气象条件

(1)若最冷月日平均气温小于或等于－20 ℃连续 7～10 d,新梢及幼树即产生冻害。新栽植幼树在气温达到－22 ℃时会被冻死,成年枣树虽然能耐－30 ℃的低温,但若树体弱、修剪多、伤口大的树则也易受冻害。

(2)若温度偏高,出现暖冬,则对枣树病虫害越冬非常有利,导致枣树的抗寒、抗病能力弱。

8.6.6.3 管理措施

(1)秋施基肥,秋耕枣园,封冻前进行灌越冬水。清除并集中烧毁病树、病枝、落叶、病果、杂草等,树干涂白以防止冻害。

(2)通过刮树皮、堵树洞、树干涂白等措施,消灭树皮缝隙中的越冬虫和卵及病原菌。同时刮除老翘皮,以解除老翘皮对树体生长的抑制作用,以利树体增粗。

(3)冬季做好整枝修剪工作。枣树为喜光树种,要保证树体有良好的通风透光条件,树冠要保持层次分明,大小适中,结果枝组适量,平均 1 m³ 树冠空间有结果基枝 20～25 条,结果母枝 90～120 条。树形以纺锤形为主。幼树期应加强冬季修剪,促进增枝。盛果期树要及时疏除轮生枝、交叉枝、重叠枝、并生枝、徒长枝及过密的侧枝。

8.7 核桃

8.7.1 全生育期适宜的环境条件

核桃对环境条件要求不严,北方普通核桃适宜生长的温度范围为年平均气温9～16 ℃,要求无霜期大于 180 d,年降水量为 500～700 mm。核桃能忍耐的最低气温为－25 ℃,最高气温为 35～38 ℃。核桃幼树在休眠状态下,气温在－20 ℃时就会发生冻害。成年大树休眠期能耐－30 ℃的低温,但气温低于－26 ℃时,会有部分枝条、花芽及叶芽出现冻害,当气温达到－29 ℃时,核桃树一年生枝条受冻害严重。当极端气温达到－37 ℃时,核桃树只生长不结果或长畸形果。

核桃为喜光性果树,要求光照充足,需年日照时数为 2000 h 左右,当日照时数少于 1000 h 时,核桃仁、壳均会出现发育不良。建设核桃园时应选择南向坡为佳。

核桃树对土壤的适应比较广泛,但因其是深根性果树,抗性较弱,应选择肥沃、保水力强的土壤为宜。

8.7.2　萌芽展叶期

8.7.2.1　适宜气象条件

(1)当日平均气温达 9 ℃时核桃开始萌芽,日平均气温为 13～18 ℃时开始展叶且生长加快,日平均气温为 23～26 ℃时枝叶生长最旺盛。

(2)空气相对湿度以 40%～70%为宜。

8.7.2.2　不利气象条件

(1)干旱:当 40～50 cm 土壤相对湿度低于 50%时,旱情显现。

(2)低温冻害:当最低气温小于或等于－2 ℃,持续时间大于 4 h 时,将产生轻微冻害;当最低气温小于或等于－3 ℃,持续时间大于 4 h 时,将产生轻度冻害;当最低气温小于或等于－5 ℃,持续时间大于 4 h 时,将产生中度冻害;当最低气温小于或等于－5 ℃,持续时间大于 8 h 时,或最低气温小于或等于－6 ℃,持续时间大于 6 h 时,将产生严重冻害。

8.7.2.3　管理措施

(1)出现旱情,及时浇萌芽水。

(2)果树冬眠期能耐较低气温,但芽萌动后抗寒能力剧降,需密切关注天气变化,防范低温冻害。

(3)土壤解冻后应对核桃园进行一次浅翻,深度以 10～20 cm 为宜。浅翻的作用是一方面可以松土增墒,另一方面可以消灭土壤里越冬的害虫。

8.7.3　开花期

8.7.3.1　适宜气象条件

(1)当日平均气温达到 14～16 ℃时,核桃即可开花。花粉发芽最适宜的温度为日最高气温 24～25 ℃。

(2)核桃为风媒授粉,晴朗微风的天气有利于授粉。

(3)空气相对湿度小于 60%,有利于授粉。

8.7.3.2　不利气象条件

(1)当最低气温达到－2～－1 ℃时,花易受冻。

(2)当日最高气温低于 20 ℃时,花粉发芽率仅为 5%。

(3)雌花开放期,若光照不良则大大影响坐果率。

(4)连续大于或等于 5 d 以上的阴天低温天气,影响果树坐果。

8.7.3.3　管理措施

(1)修剪:幼树的整形修剪需在萌芽前进行。对于已成形的树,整形要根据具体情况因树作形,通过拉枝缓和长势,短剪增强长势,也可通过疏果来调节长势,尽量使四周和上下的树势均衡。

(2)疏雄:在雄花序长到 1 cm 左右时,可疏除 80%～90%的雄花,以节约树体养分,增强树势,提高产量。

(3)注意预防花期霜冻害。

(4)随着气温的回升,病虫害开始滋生,做好金龟子、草履介壳虫等虫害和腐烂病、核桃黑斑病等病害防治工作。

8.7.4　果实发育期

8.7.4.1　适宜气象条件

(1)光照充足,有利于加强光合作用,产生碳水化合物,可促进花芽分化。

(2)40～50 cm 土壤相对湿度以 60%～70%为宜。

(3)空气相对湿度以 40%～70%为宜。

8.7.4.2　不利气象条件

(1)当气温降至−1～−2 ℃时,幼果容易造成冻害。

(2)当气温高于 38 ℃,或气温高于 40 ℃且空气相对湿度在 50%以下时,果实容易灼伤,核桃仁难发育,常形成空苞或变黑。

(3)核桃树可耐干燥的空气,但对土壤水分状况却比较敏感。土壤干旱,则阻碍根系对水分的吸收及地上部蒸腾,干扰正常的新陈代谢,导致落花落果,乃至叶片变黄而凋零脱落。土壤水分过多或积水时间过长,则会造成土壤通气不良,使根系呼吸受阻而窒息腐烂,从而影响地上部分的生长发育或致使植株死亡。

(4)大风、冰雹天气容易使果树受损,果树落果。

(5)气温高、湿度大,易引发核桃病虫害。

8.7.4.3　管理措施

(1)灌水、施肥:当40～50 cm 土壤相对湿度低于50%时,旱情显现,有灌溉条件的地方应普灌一次。花芽分化前追肥,可进行叶面喷施 0.3%尿素或专用叶面微肥。

(2)中耕除草:进行中耕除草要求"除早、除小、除了",并保证土壤疏松透气。

(3)夏剪:5月中旬开始夏剪,疏除过密枝,短剪旺盛发育枝,幼树枝头不短剪,继续延长生长,扩大树冠,可通过疏果来调整长势。

(4)病虫害防治:注意核桃举肢蛾、木橑尺蠖、刺蛾类、核桃瘤蛾、桃蛀螟、核桃小吉丁虫和核桃褐斑病、核桃炭疽病等病虫害的防治。

(5)防止日灼。可喷施 2%石灰乳,也可在喷施波尔多液时,增加石灰量,或涂白;修剪时向阳面多留辅养枝,适当多留内膛果,少留梢头果,以避免枝干、果实裸露在直射的阳光下;干旱季节,应适时灌水,保证叶片正常进行蒸腾作用。

8.7.5　成熟采收期

8.7.5.1　适宜气象条件

(1)果实成熟期要求日平均气温高于 19 ℃。

(2)天气晴朗,有充足的光照条件。

8.7.5.2　不利气象条件

(1)若秋季雨水过于频繁,常常会引起核桃青皮早裂、坚果变黑。

(2)冰雹、大风、雷电灾害易损毁果树。

(3)若光照不足,则核桃壳、果仁均发育不良。

(4)连阴雨天气影响果实的收获、晾晒、存储。

8.7.5.3　管理措施

(1)对核桃园区内低洼地容易积水的地方,应挖排水沟进行排水。

(2)可分批采摘已成熟果实。果皮由绿变黄,部分青皮开裂时进行采收,避免过早采收。采收后及时脱掉青皮,一般情况下果实不需要漂白,只用清水冲洗干净即可,洗后要及时晾晒。

(3)采果后进行修剪。对初果和盛果期树:培养主、侧枝,调整主、侧枝数量和方向,使树势均衡;疏除过密枝,达到外不挤、内不空。使内外通风透光良好,枝组健壮,立体结果。对放任树和衰老树:剪除干枯枝、病虫枝,回缩衰老枝,使树体及时更新复壮,维持树势。

(4)采果后施基肥,以有机肥为主。

(5)病虫害防治。结合修剪,剪除枯枝或叶片枯黄枝或落叶枝及病果,并做集中销毁处理。

8.7.6　落叶休眠期

8.7.6.1　适宜气象条件

(1)当秋季日平均气温低于 10 ℃时核桃树开始落叶,随后逐渐进入休眠期。

(2)当日平均气温低于 7.2 ℃的时间达到 1600~1700 h 时,核桃树才能正常解除休眠。

(3)越冬期最低气温高于−25 ℃。

8.7.6.2　不利气象条件

当最低气温小于或等于−25 ℃,持续时间大于 72 h 时,将产生轻微冻害;当最低气温小于或等于−25 ℃,持续时间大于 96 h 时,将产生轻度冻害;当最低气温小于或等于−25 ℃,持续时间大于 120 h 时,将产生中度冻害;当最低气温小于或等于−25 ℃,持续时间大于 144 h 时,将产生严重冻害。

8.7.6.3　管理措施

(1)幼树防寒方法有:①埋土防寒。在冬季土壤封冻前,将幼树轻轻弯倒,使顶部接触到地面,用土埋严,一般盖土厚度为 20~40 cm,待第二年土壤解冻后,及时去掉防寒土,将树扶直。②培土防寒。对于粗矮的幼树,弯倒有困难,可在树干周围培土,最好用当年的枝叶培严或用塑编袋装土封严。③双层缠裹枝条防寒法。3~4 年的核桃树已经不能埋土过冬,在综合管理的基础上,用卫生纸缠裹 1 年生的枝条,然后再用地膜缠裹。④涂白防寒法。

（2）根据天气情况,合理安排浇防冻水。一般在土壤结冻前进行,可起到防旱御寒作用,且有利于促使肥料分解,利于次年春天花芽发育。

（3）通过整形修剪,可有效控制主枝和各级侧枝在树冠内部的合理分布,达到产量与树势俱增,为将来丰产稳产打下良好基础。

8.8　桃

8.8.1　根系生长

8.8.1.1　适宜气象条件

桃树根系没有明显的休眠期,只要根系处地温高于 0 ℃,就能顺利地吸收氮素并将之转化为营养成分,当地温达到 5 ℃左右时新根开始生长,当地温高于 15 ℃时根系生长旺盛,根系在地温为 20～22 ℃时生长最快。

8.8.1.2　不利气象条件

根系处地温超过 26 ℃,则新根停止生长。当地温降到 −12～−10 ℃时,桃树根系即遭受冻害。

8.8.1.3　管理措施

根系开始活动时进行整枝修剪扫尾工作,修缮园区灌溉、排水设施。

8.8.2　开花期

8.8.2.1　适宜气象条件

（1）花芽萌发期要求日平均气温达到 6～7 ℃,开花期日平均气温需达 10 ℃以上,最适宜的温度为 12～14 ℃。日平均气温在 12～26 ℃范围内,气温越高则开花速度越快。

（2）花粉发芽适宜的日平均气温为 18～28 ℃。

8.8.2.2　不利气象条件

（1）当日平均气温高于 30 ℃时,则花粉发芽受到抑制。当日平均气温低于 10 ℃时,花粉活动也会受阻,当日平均气温低于 5 ℃时,则花粉停止发育。

（2）花芽萌动后的花蕾变色期,当气温为 −6.6～−1.7 ℃时,花蕾即受冻害。开花期气温为 −1 ℃左右桃花即受冻害。

（3）若遇干热风天气,柱头在 1～2 d 内即枯萎。

8.8.2.3　管理措施

（1）花芽萌发期做好水肥管理,肥料以速效肥为主。施肥对象为上年基肥不足的树和挂果超负的树。追施方法为冲水溶化后,开穴浇施,并要求及时盖穴,以确保施肥效果。

（2）开花前剪除无叶花枝和细弱枝,抹除过多花蕾,保持合理均匀的留花距离。

(3)注意防治桃树病虫害,主要是蚜虫和缩叶病。

8.8.3 新梢生长—幼果期

8.8.3.1 适宜气象条件

(1)当日平均气温高于 15 ℃时,新梢在 14 d 内便萌发生长。

(2)土壤重量含水量以 20%～40% 为宜。

8.8.3.2 不利气象条件

(1)幼果期若遇 −1 ℃的低温,幼果即受冻害,从而降低坐果率。

(2)土壤重量含水量小于 10%时,则枝叶停止伸长;当土壤重量含水量小于 7%时,枝叶开始凋萎。

8.8.3.3 管理措施

(1)极早熟品种及早熟品种需在幼果期追施一次以硫酸钾为主的壮果肥。谢花后及施肥后,视土壤湿度情况及时灌水,以保证桃树正常生长发育对水分的需求。

(2)做好疏果、定果工作,先疏坐果率高的桃树,后疏幼树及中晚熟品种的桃树。定果则在疏果后 15 d 进行,定果后可进行果实套袋。

(3)重点防治蚜虫。

8.8.4 果实膨大期

8.8.4.1 适宜气象条件

(1)适宜的日平均气温为 20～27 ℃,平均最低气温以 14～17 ℃为宜。

(2)桃树果实生长分为第一迅速生长期、硬核期和成熟前第二迅速生长期。第一迅速生长期(50 d 左右)的果实膨大与气温呈高度正相关,即气温越高果实生长越快。第二迅速生长期(5～10 d)的日平均气温为 20～25 ℃时果实产量最高且品质好。

(3)日平均气温在 15～25 ℃之间果实都能正常着色,其中以日平均气温为 22 ℃着色程度最好。

8.8.4.2 不利气象条件

(1)果实膨大期若气温低,则会促进果实内苹果酸的形成,致使果实全糖含量少,酸的含量高。

(2)当日最高气温高于 35 ℃时,会降低桃的固态物质和糖分含量,妨碍果实上色,且易发生日灼。

8.8.4.3 管理措施

(1)加强水肥管理,施速效肥宜将化肥冲水溶化后开穴浇施,于果实成熟前 30～40 d 可追施以硫酸钾为主的壮果肥。疏通沟渠,防止积水。

(2)着重防治桃穿孔病、红黄蜘蛛、天牛、梨小等病虫害。

(3)挂果多的树枝需要支撑树枝,以防止果实压断或风吹断树枝。

(4)继续夏季修剪工作,疏除无用的立生性徒长枝和过密枝。

(5)陆续采收极早熟品种和部分早熟桃。

8.8.5 落叶期—休眠期

8.8.5.1 适宜气象条件

(1)桃树根系处土壤温度低于 11 ℃时,桃树即停止生长,随后进入休眠期。

(2)冬季需要一定的低温后,桃树才能解除自然休眠。大多数桃树品种要求日平均气温低于 7.2 ℃的低温时间为 650～850 h。

(3)在自然状态下,大多数品种解除自然休眠的理想温度是 12 月—翌年 2 月的日平均气温为 0.6～4.4 ℃。

8.8.5.2 不利气象条件

(1)如果冬季低温时间不足,则导致翌年桃树萌芽、开花延迟,且会使花芽发育不良,影响产量和品质。

(2)冬季最低气温为 −25～−23 ℃时,能够致使休眠中的桃树遭受冻害,但耐寒的珲春桃和黄甘桃,在经过冬季最低气温为 −27 ℃的严冬后,仍会有较好的收成。

8.8.5.3 管理措施

(1)整枝修剪,成年树刮翘皮,树干刷白。

(2)清理园区内的枯枝落叶及修剪的枝条,集中深埋或烧毁。

(3)深翻、熟化土,在桃树营养面积内进行深翻,深度以 20～30 cm 为宜,深翻原则是离桃树主干处要浅,远离主干处可深。

第9章 基层农业气象服务方案

9.1 承德市气象局 2016—2017 年农业气象服务工作规划

根据《中共河北省委 河北省人民政府农村工作领导小组关于印发〈关于创新气象为农服务机制 保障我省农业农村转型发展的意见〉的通知》(冀农〔2015〕1 号)精神,结合承德市农业产业结构布局以及承德市区域特色优势产业发展,特制订 2016—2017 年农业气象服务工作规划。

9.1.1 总体目标

以市场需求为导向,重点推进"一县一品"或"一县多品"特色农业气象服务。制作、发布特色作物生产全过程的农业气象条件分析、预报、农业气象灾害预报预警等精细化的专业气象服务产品。开展农业气象业务培训,指导县级业务人员释用专业农业气象服务产品,并做好本地的直通式服务。力争到 2017 年使承德市农业气象服务涵盖本地主要农业产业和主要特色优势产业领域,并取得良好的服务效益。

9.1.2 农业气象服务领域及背景

(1)蔬菜产业(主产区:滦平、丰宁)

近年来承德市坚持以扩园区、调结构、增总量为导向,突出发展设施蔬菜,加快错季菜、高端菜、精品菜发展速度,促进蔬菜产业提档升级,2015 年承德市蔬菜总播种面积达到 120.37 万亩,其中设施菜播种面积为 47.09 万亩,蔬菜总产量达到 196.7 万 t。目前规模在 1000 亩以上的以优型日光温室为主体的设施蔬菜标准园 6 个,规模在 2000 亩以上的露地蔬菜标准园 4 个。

(2)食用菌产业(主产区:平泉、宽城)

以平泉县为主产区的食用菌产业,坚持草木腐菌共同发展,以香菇、滑子菇、双孢菇、杏鲍菇为主推品种,推行标准化生产、产业化经营、品牌化营销,加快食用菌生产大市场建设,实现生产基地规模急步扩大,菌业经营效益不断提升。2015 年承德市食用菌生产总规模和产量为分别达到 11.8 亿盘(袋)、41.3 万 t,规模和产量继续位居河北省首位,生产布局也突破了平泉县一枝独秀局面,承德县、宽城和兴隆食用菌生产规模也分别超过了 1 亿袋。

(3)马铃薯产业(主产区:围场、丰宁)

2015 年承德市马铃薯播种面积为 75 万亩,其中围场县马铃薯播种面积为 63 万亩,占全市播种面积的83%,机械化播种面积达到25万亩,围场马铃薯种植形成了三大生产基地:坝上地区为种薯生产基地,坝下及接坝地区为加工用薯生产基地,中南部及周边地区为商品薯生产基地。目前,该县已建成标准化马铃薯综合示范园区10个,现有薯菜网络交易中心1个,马铃薯专业协会26个,马铃薯营销经纪人达5000多人。现有储藏能力为50 t以上的马铃薯冬贮窖460个,500 t以上马铃薯冬储窖达到112个,3000 t的马铃薯冬储窖15个,全县马铃薯储量达1.01亿kg,年均马铃薯贮藏增值可达3000多万元。

(4)中药材产业(主产区:滦平、宽城)

在中药材龙头企业的带动下,承德市中药材种植面积不断扩大,形成了以颈复康集团为龙头的制药企业开发的标准化大宗药材种植养殖基地,主要种植黄芩、黄檗、北豆根、北苍术和全蝎、土元等;以保承中药材种植公司、神州药业开发公司为龙头以发展中药材出口为主的种植基地,主要品种有黄芪、桔梗、川芎、当归等。承德市以创建种植示范园为载体,2015年高标准启动了燕山(滦平)中药材经济核心示范区建设,以热河道地大宗品种为重点品种,推广仿野生、立体高效复合种植模式,进一步扩大生产基地规模,实现跨越式发展,承德市中药材发展模式被列入省级发展战略。目前承德市中药材种植面积达到58万亩,面积继续居河北省首位。

(5)林果产业(主产地:承德县、宽城、兴隆)

承德市现有经济林总面积900多万亩,其中苹果、山楂、板栗等干鲜果品面积为330万亩,年产干鲜果品111.2万t;山杏林480万亩,年产量为1.4万t;沙棘60万亩,年产量为1万t。

承德市林果产业将按照"一带、四区"进行布局,使优势果品向优势产区集中发展,规模经营。即,"一带":以兴隆、宽城、滦平长城沿线为主,建设板栗优势产业带;"四区":以平泉、承德县、兴隆、宽城为主建设苹果优势产业区;以兴隆、营子、隆化、滦平、承德县为主建设山楂优势产业区;以滦平、承德县、双桥、双滦和高新区为主,建设集观光、采摘为一体的时令水果产业区;以平泉、承德县、滦平、隆化、丰宁、围场和双桥、双滦为主,建设仁用杏优势产业区。

(6)大田农业

2015年,承德市农作物春播总面积为595.89万亩。粮食作物播种面积为479.77万亩,占农作物总播种面积的80.5%,其中:玉米播种面积为317.95万亩,水稻播种面积为24.66万亩,马铃薯播种面积为74.7万亩,大豆播种面积为9.9万亩,谷子播种面积为17.16万亩,小麦播种面积为18万亩,杂粮杂豆播种面积为17.4万亩。油料作物播种面积为16.18万亩,占农作物总播种面积的2.71%。

9.1.3 农业气象服务模式与职责

本着市局制作县局应用的服务模式,市局生态与农业气象中心负责制作、发布各特色作物和常规农业气象服务产品,县局负责释用各专业气象服务产品并做好面向种养大户的直通式服务。具体职责如下。

(1)生态与农业气象中心职责

1)完善各特色作物的气象服务指标体系。

2)面向市委、市政府和相关部门制作和发布特色农业气象决策服务产品。

3)面向各县气象局制作发布各特色作物全产业链气象服务产品,开展动态的灾害风险预报预警以及病虫害气象条件预报工作。

4)开展技术培训,指导各县气象部门释用特色作物专业气象服务产品。

5)适时组织田间调研,用户回访,灾情调查,气象服务效益评估。

6)开展特色作物气象灾害防御、农业气象资源高效利用、病虫害防治等适用技术研究,并组织科研成果推广应用。

(2)各县气象局职责

1)重点面向农民合作社、种养殖大户、涉农企业,将重点服务对象纳入信息库并建立"直通式"联系。

2)根据本地特色作物,释用市局农业气象服务产品,开展精细化"直通式"服务。各县拟定开展的特色农业气象服务作物如下所示(可根据当时农业结构调整适时更改):

围场县:马铃薯、中药材

丰宁县:时差菜、马铃薯

隆化县:水稻

承德县:苹果、食用菌、水稻

平泉县:食用菌、中药材

滦平县:设施蔬菜、中药材、板栗

宽城县:板栗、中药材、食用菌

兴隆县:山楂、板栗、苹果

3)实时监控田间小气候监测系统、作物实景监测系统、室内小气候观测等系统的运行状况,保障监测系统的运行正常。

4)适时开展田间调研、灾情调查,并及时反馈相关信息。

9.1.4　进度安排

(1)大田玉米等春播作物的全生育期气象条件分析、预报服务、农业气象灾害监测与预警服务。

市局已开展,各县局已开展,2016—2017年继续。

(2)马铃薯特色气象服务。

2015年,市局已开展此项业务,围场县局已开展服务。2016年开始,围场县局、丰宁县局在河北省马铃薯气象中心的指导下逐步开展精细的马铃薯专业气象服务。

（3）设施蔬菜特色气象服务。

2015年,市局已开展此项业务,滦平县局已开展服务。2016—2017年在市局的指导下,滦平县局进一步开展设施蔬菜的精细化专业气象服务,围场、隆化县局可适时开展此项服务工作。

（4）板栗特色气象服务

2015年,市局已开展此项业务,宽城县局已开展服务。2016年,在市局指导下兴隆开展此项服务,2017年滦平开展此项服务。

（5）中药材特色气象服务

2016年,市局开展此项业务,滦平县局在市局的指导下开展服务工作。2017年围场、宽城、平泉等县局开展此项业务服务工作。

（6）苹果特色气象服务

2016年,市局开展此项业务,承德县局在市局的指导下开展服务工作。2017年平泉、宽城、兴隆等县局开展此项业务服务工作。

（7）食用菌特色气象服务

2016年,市局开展此项业务,平泉县局在市局的指导下开展服务工作。2017年承德县、宽城等县局开展此项业务服务工作。

（8）山楂特色气象服务

2016年,市局开展此项业务,兴隆县局在市局的指导下开展服务工作。2017年隆化、滦平、承德县等县局视实际情况可开展此项业务服务工作。

（9）时差菜特色气象服务

2016年,市局开展此项业务,丰宁局在市局的指导下开展服务工作。2017年围场局视实际情况可开展此项业务服务工作。

（10）水稻特色气象服务

2015年隆化县局已开展此项服务,2016年开始承德县局在市局的指导下开展服务工作。

9.2　承德市气象局2016年智慧农业气象服务试点实施方案

为适应气象现代化建设需求,提升农业气象服务水平,结合河北省马铃薯气象中心发展规划及承德市农业气象服务发展实际,选定马铃薯种植大县——围场县作为智慧农业气象服务试点县,以马铃薯种植大户、专业合作社、企业为重点服务对象,坚持智慧农业气象服务发展理念,开发精细化特色农业气象服务产品,创新农业气象服务手段,助力马铃薯产业发展。特制定本实施方案。

9.2.1　定位

瞄准马铃薯生产中关键的气象问题开展业务和研究工作。针对影响马铃薯稳定生产的主要气象灾害和病虫害,建立马铃薯气象灾害和病虫监测预警指标体系,构建马铃薯农业气象灾害、病虫害发生发展预报预警、防控模型。利用微信、APP 及互联网业务平台等新媒体开展直通式服务。

使围场县智慧农业气象服务在马铃薯产业发展中发挥作用、见效益。使围场县智慧农业气象服务模式在各县起到示范作用,且引领承德市农业气象服务发展方向,促进承德市"一县一品"或"一县多品"特色农业气象服务水平的提升。

9.2.2　职责

(1)建立马铃薯气象灾害和病虫监测预警指标体系。

(2)构建马铃薯农业气象灾害、病虫害发生发展预警、防控模型。

(3)利用微信、APP 及互联网业务平台等新媒体创新服务方式,建设直通式信息发布平台。

(4)面向县委、县政府和县相关部门制作和发布马铃薯气象决策服务产品。

(5)面向马铃薯种植大户、专业合作社、涉农企业发布气象灾害风险预报预警以及病虫害发生发展预报预警服务产品。

9.2.3　主要任务和进度安排

(1)编制智慧农业气象服务试点实施方案

确定智慧农业气象服务试点县,编制试点工作实施方案。(2016 年 5 月底前完成)

(2)制订业务技术方案

1)收集整理马铃薯生长适宜期气象服务指标、冬储适宜气象指标,建立指标库。(2016 年 5 月底前完成)

2)收集整理马铃薯晚疫病、早疫病等病害案例,建立马铃薯晚疫病、早疫病等病害指标库。(2016 年 5 月底前完成)

3)构建马铃薯农业气象灾害、病虫害发生发展预报预警、防控模型。(2016 年 6 月底前完成)

4)开发智能化信息发布平台。(2016 年 7 月底前完成)

5)制作发布决策服务产品和业务服务产品。(2016 年 4 月下旬开始至 10 月底适时制作发布)

(3)明确业务分工(2016 年 4 月底前完成)

1)市气象局业务分工

①收集整理马铃薯生长适宜期气象服务指标、冬储适宜气象指标,建立指标库。

②收集整理马铃薯晚疫病、早疫病等病害案例,建立马铃薯晚疫病、早疫病等病害指标库。

③构建马铃薯农业气象灾害、病虫害发生发展预报预警、防控模型。

④开发智能化信息发布平台。

⑤制作发布决策服务产品和业务服务产品。

⑥适时组织田间调研,用户回访,灾情调查,气象服务效益评估。

2)县气象局业务分工

①实时监控田间小气候监测系统、作物实景监测系统、室内小气候观测等系统的运行状况,保障监测系统的运行正常;

②适时开展田间调研,灾情调查,并及时反馈相关信息;

③开展直通式服务。

(4)制订业务流程(2016年5月底前完成)

1)明确产品种类、产品发布方式。建立与马铃薯种植区市、县气象局的信息反馈机制。

2)制订《马铃薯智慧农业气象服务周年方案》。

3)制订业务工作流程(见图9.1)。

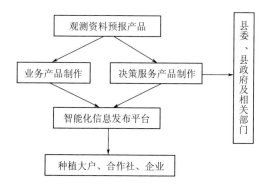

图9.1 智慧农业气象服务业务工作流程

(5)服务产品清单(见表9.1)

表9.1 马铃薯气象服务产品种类、内容及发布时间

序号	产品种类	内容	发布时间
1	马铃薯适宜播种期预报	马铃薯播种所需的适宜气象指标;气温、地温、土壤相对湿度等实况信息;未来天气趋势;马铃薯适宜播种日期预测;生产建议。	4月中旬
2	马铃薯气象条件预测预报	马铃薯播种、出苗、分枝、块茎膨大、可收等关键发育期气象条件适宜性分析;未来天气趋势及对马铃薯生长发育的影响;生产建议。	关键发育期
3	马铃薯病虫害气象条件预测预警(重点关注马铃薯晚疫病)	温度、湿度等气象要素实况;马铃薯晚疫病发生、流行气象指标分析;未来天气气象条件对马铃薯晚疫病的发生、发展影响;做出预测及预警。	可能出现或已经出现病虫害

续表

序号	产品种类	内 容	发布时间
4	马铃薯气象灾害预警	霜冻、寒潮、暴雨等灾害性天气预报信息;对马铃薯生长发育、冬储、运输可能产生的不利影响;提出防御措施。	气象灾害发生前24~48 h
5	马铃薯全生育期气象条件评价	从播种至收获各发育期积温、气温、降水、土壤相对湿度、空气相对湿度、日照等气象要素实况;结合各发育适宜气象指标,进行适宜性分析。	马铃薯收获后两周内完成。
6	马铃薯冬储气象服务	冬储窖内实时监测温度、湿度,结合马铃薯窖藏适宜气象指标,提出保温、控湿、通风等冬储措施;室外气温变化对马铃薯运输的影响。	冬储期(11月—翌年3月)适时

9.2.4 保障措施

(1)组织管理保障

市局成立试点工作领导小组,负责试点工作组织协调、安排部署和跟踪检查。领导小组下设办公室,负责试点工作的组织实施。

组长:苗志成

成员:刘文辉、吴显春、艾黎明、马凤莲、朱国良、丁力

领导小组办公室:

主任:刘文辉

成员:观测与预报科、减灾法规科、市气象台、生态与农业中心、灾害防御中心、气象服务中心、围场县气象局。

(2)业务人员保障

河北省马铃薯气象中心、承德市生态与农业气象中心共9人,其中高级工程师4名,工程师2名,硕士研究生2名。5人长期从事农业气象服务,有开展马铃薯气象服务的丰富经验,能够尽快开展相关业务工作。

(3)部门合作机制保障

2016年5月,河北省马铃薯气象中心加盟河北省马铃薯产业技术创新战略联盟,将实现气象部门与高等院校、科研机构、优势企业的有效对接。

2016年5月,承德市气象局与承德市农业科学研究所(联盟成员)的业务和科研合作已启动。经研讨,双方达成以下几点合作意向并逐步实施:①在承德市马铃薯主产区建立田间小气候自动观测站,实时监控马铃薯生长期的温度、湿度等气象要素;②在马铃薯主产区建设马铃薯生产标准化示范基地2~3万亩,起到引导示范作用,2年内辐射种植面积达10万亩;③吸纳马铃薯种植大户20~30名和500名种植散户农民加入马铃薯气象灾害、病虫害监测预警防控体系,组成马铃薯气象灾害病虫害

监测、预警、预报小组,培养农民观测员,为马铃薯种植户提供第一手灾情资料;④引进比利时马铃薯晚疫病监测预警防控技术,结合田间调查,指导农民开展马铃薯晚疫病的防治工作,有效减少晚疫病的为害程度;⑤建立信息联合发布机制,为地方政府领导提供科学的决策服务产品。

与科研院所、高校合作有利于提高智慧农业气象服务的科技含量和水平。

(4)河北省马铃薯技术创新团队技术保障

承德市气象局拟成立河北省马铃薯技术创新团队,该团队成员以承德市气象局农业气象服务人员为主,吸纳马铃薯主产区的相关市(县)气象局业务骨干参与相关科研工作。聘请河北农业大学胡同乐教授、承德市农业科学研究所副研究员季志强、河北省马铃薯产业技术创新战略联盟理事长丁明亚高级农艺师作为本创新团队的技术顾问。

目前河北省马铃薯产业技术创新战略联盟开发了手机 APP 交流平台,平台上提供"供求信息发布""技术讨论"等栏目,而关键的气象资料尚未提供。马铃薯技术创新团队的目标任务之一就是将马铃薯主产区的实时气象信息(温度、湿度、降水等)、河北省马铃薯气象服务产品等纳入该 APP 平台,实现气象信息的共享,将马铃薯专题气象服务产品提供给马铃薯产业的各相关领域。另一目标任务是创新服务方式,探索有偿服务模式。在与高校、科研院所合作的基础上,将科研成果进行推广应用。比如通过课题研究,开发马铃薯晚疫病监测预警防控技术服务系统,制作发布马铃薯晚疫病发生发展及防控服务产品,开展面向马铃薯种植大户、企业的直通式服务,根据服务效益收取一定的服务报酬。

河北省马铃薯技术创新团队的组建有利于保障智慧农业气象服务工作接地气、见效益。

9.3 河北省马铃薯气象中心建设方案

根据《中国气象局党组关于全面深化气象改革的意见》(中气党发〔2014〕28 号)、《中共河北省委 河北省人民政府农村工作领导小组关于印发〈关于创新气象为农服务机制 保障我省农业农村转型发展的意见〉的通知》(冀农〔2015〕1 号)精神,积极推进气象服务体制改革,建设河北省马铃薯气象中心,实现业务服务的扁平化、集约化、专业化,提升科技支撑能力。特制定此方案。

9.3.1 定位

立足于承德、张家口马铃薯特色产业发展,开展面向河北省马铃薯产业的气象科研和业务服务工作。面向省委、省政府和省相关部门制作和发布马铃薯气象决策服务产品。制作发布马铃薯全产业链气象服务产品,开展动态的灾害风险预报预警以及病虫害气象条件预报工作,并适时开展技术培训,指导市、县气象部门释用马铃薯气象服务产品。加强与科研院所、高校合作,开展马铃薯气象灾害防御、农业气象资源高效利用等适用技术研究,为全省马铃薯产业发展提供气象保障。

9.3.2　职责

(1)面向省委、省政府和省相关部门制作和发布马铃薯气象决策服务产品。

(2)面向市、县气象局制作发布马铃薯全产业链气象服务产品,开展动态的灾害风险预报预警以及病虫害气象条件预报工作。

(3)开展技术培训,指导市、县气象部门释用马铃薯气象服务产品。

(4)开展马铃薯气象灾害防御、农业气象资源高效利用、病虫害防治等适用技术研究,并组织科研成果推广应用。

9.3.3　主要任务

(1)组建机构

成立"河北省马铃薯气象中心"。

人员组成:

主　　任:苗志成(副研级高级工程师)

副主任:马凤莲(副研级高级工程师)

成　　员:孙庆川(副研级高级工程师)

　　　　　宋喜军(工程师)

　　　　　金　龙(沈阳农大应用气象专业本科生)

　　　　　刘园园(工程师)

(2015 年 9 月组建完成)

(2)制定管理办法和运行机制。

制定河北省马铃薯气象中心运行管理办法。根据中心定位,建立一级制作一级应用服务模式。

(2015 年 10 月前完成)

(3)制订业务流程

1)明确业务分工、产品种类、产品发布方式;建立与省局科研所、马铃薯种植区市(县)气象局反馈机制。

2)制订《马铃薯气象服务周年方案》《马铃薯气象服务工作历》。

3)制订业务工作流程。

(上述三项工作,2015 年 12 月底前完成)

(4)制订业务技术方案

1)基于河北省农业气象业务系统,完善马铃薯气象服务指标体系,保障专业气象服务产品适时制作和发布。

2)开展马铃薯从播种到收获全生育期的气象条件监测与分析,为马铃薯科学种植提供理论依据,为马铃薯病害防治、丰产增收提供气象服务。

3)开展马铃薯冬储窖室内小气候监测,为马铃薯冬储转化升值,实现贮藏增效提供保障服务。

4)开展冬季马铃薯运输冻害风险分析,以降低马铃薯运输气象灾害风险。

5)结合业务需求,开展相关课题研究,以科研提升业务服务能力和水平。

(上述五项工作,2015年10月开始适时开展)

(5)完善马铃薯服务指标体系

1)收集整理马铃薯生长适宜期气象服务指标、冬储适宜气象指标,建立指标库。

2)收集整理马铃薯晚疫病、早疫病等病害案例,建立马铃薯晚疫病、早疫病等指标库。

(上述两项工作,2015年12月底前完成)

(6)明确起步阶段主要任务(2015年9月—2016年12月)

1)开展马铃薯收获期气象服务,以及储运、窖藏气象服务,适时制作发布马铃薯收获期、储运、窖藏农用天气预报和气象灾害风险预警信息等专题服务产品。(2015年9—12月)

2)马铃薯窖藏、运输气象服务;收集整理马铃薯生长适宜期气象服务指标、冬储适宜气象指标,建立指标库;收集整理马铃薯晚疫病、早疫病等病害案例,建立马铃薯晚疫病、早疫病等指标库。(2016年1—3月)

3)制作发布河北省马铃薯适宜播种期预报服务产品,开展播种期农业气象条件分析与气象灾害风险评估工作。(2016年4—5月)

4)开展关键生育期气象条件分析,开展动态的灾害风险预报预警业务。适时组织田间调研,用户回访,灾情调查。(2016年6—8月)

5)开展马铃薯窖藏气象条件适宜性评价,制作窖藏、储运气象灾害风险分析与预警服务产品。上报年度工作总结,服务效益评估。(2016年9—12月)

(7)服务产品清单(见表9.2)

表9.2　马铃薯气象服务产品种类、内容及发布时间

序号	产品种类	内容	发布时间
1	马铃薯适宜播种期预报	马铃薯播种所需的适宜气象指标;气温、地温、土壤相对湿度等实况信息;未来天气趋势;河北省各地马铃薯适宜播种日期预测;生产建议。	4月中旬
2	马铃薯气象条件预测预报	马铃薯播种、出苗、分枝、块茎膨大、可收等关键发育期气象条件适宜性分析;未来天气趋势及对马铃薯生长发育的影响;生产建议。	关键发育期
3	马铃薯病虫害气象条件预测预警(重点关注马铃薯晚疫病)	温度、湿度等气象要素实况;马铃薯晚疫病发生、流行气象指标分析;未来天气气象条件对马铃薯晚疫病的发生、发展影响;做出预测及预警。	可能出现或已经出现病虫害

续表

序号	产品种类	内 容	发布时间
4	马铃薯气象灾害预警	霜冻、寒潮、暴雨等灾害性天气预报信息;对马铃薯生长发育、冬储、运输可能产生的不利影响;提出防御措施。	气象灾害发生前24~48 h
5	马铃薯气象条件适宜性评价	从播种至收获各发育期积温、气温、降水、土壤相对湿度、空气相对湿度、日照等气象要素实况;结合各发育适宜气象指标,进行适宜性分析。	马铃薯收获后两周内完成
6	马铃薯冬储气象服务	冬储窖内实时监测温度、湿度,结合马铃薯窖藏适宜气象指标,提出保温、控湿、通风等冬储措施;室外气温变化对马铃薯运输的影响。	冬储期(11月—翌年3月)适时

9.3.4 保障措施

(1)组织管理保障

成立河北省马铃薯气象中心建设领导小组,负责组织、协调工作。

组长:彭军

副组长:于占江 石立新 李兴文

成员:闫巨盛 李春强 魏瑞江 苗志成

(2)业务人员保障

拟建河北省马铃薯气象中心人员为6人,人员数量得到保障。其中高级工程师3名,工程师2名,硕士研究生2名。3人长期从事农业气象服务,有开展马铃薯气象服务丰富经验,能够尽快开展相关业务工作。

(3)经费来源保障

河北省马铃薯气象中心日常运行经费由承德市气象局解决;省局在预算、项目上给予倾斜支持。

(4)建立部门合作机制

与河北农业大学深度合作,除合作开展马铃薯晚病防治工作外,积极探索相关项目的研究。另外,张家口现有马铃薯科研机构两所,即张家口市坝上农业科学研究所和坝下农业科学研究所,这两所均配有较先进的科研仪器和高水平的研究人员,河北省马铃薯气象中心将逐步加强与上述科研院所的沟通和合作,建立部门合作机制,以提高业务能力和科研水平。

(5)强化科研团队建设

根据业务需求,组建河北省马铃薯气象服务团队,吸纳省和马铃薯主产区的有关市、县气象局的科研和业务人员加入科研团队,提升业务和科研能力。

9.4　承德市气象局2014年"一县一品"特色农业气象服务实施方案

在全国特色农业迅速发展的背景下,承德市深入发展特色农业战略,大力培育具有市场潜力和地方优势的特色产业。近年来,马铃薯、设施蔬菜、食用菌、中药材等特色主导产业已初具规模。2013年承德市气象局在全市开展了"一县一品"特色农业气象服务活动,制订了相应的实施方案,各县气象局有针对性地开展了富有地方特色的现代特色农业气象服务,为提升特色农产品的产量、质量和效益做出了一定贡献。为进一步强化气象为农服务长效机制建设和直通式气象服务工作,特制订2014年承德市气象局"一县一品"特色农业气象服务实施方案。

9.4.1　总体要求

各县气象局在开展常规农业气象服务的基础上根据本地实际,每县选取一种特色作物,在市局指导下开发完善该作物生产全过程的农业气象条件分析、预报、防灾等富有地方特色的精细化专题服务产品。定期开展农田调查,了解作物生长状况和发育进程,开展有针对性的特色服务,从而在全市形成各具特色、重点突出的特色农业气象服务体系。

9.4.2　特色作物的选定

各县气象局在特色作物选定上,需结合本县现代农业结构,选取种植面积大、经济价值高、集约化强的作物。

围场县:马铃薯

丰宁县:时差菜(大白菜)

隆化县:水稻

承德县:苹果

平泉县:食用菌

滦平县:设施蔬菜

宽城县:板栗

兴隆县:山楂

9.4.3　服务对象

重点面向农民合作社、种养殖大户、涉农企业,将重点服务对象纳入信息库并建立"直通式"联系。

9.4.4　具体要求

(1)指定服务人员。每个县局指定一名专职或兼职农业气象服务人员。指定的为农服务人员要求在市局的指导下,能够独立、主动完成相关业务工作(制定周年方案、制作服务产品及省、市局交办相关业务工作)。

(2)制定服务方案。建立特色作物全发育期指标库,建立周年气象服务方案及特色作物气象服务工作历。

(3)开展调研、调查。定期不定期开展农情调查,包括生育期、生长状况及产量因素调查,灾情发生时及时开展灾情调查,撰写调查报告。年内至少进行服务需求调研1次,至少进行田间调查2次。

(4)特色农业气象服务。针对服务作物开展农作物播种、收获、晾晒,蔬菜育苗、移栽、收获,经济林果采摘等关键农事活动农用天气预报服务。开展农作物生育期内低温冻害、连阴雨、干旱,设施蔬菜低温寡照、大风、暴雪,果树花期霜冻害、果实生长膨大期干旱、冰雹等灾害监测预警,灾情发生前及时发布重大气象灾害预警信息,针对灾害的可能影响提出防御措施;灾情发生后及时开展灾害调查。

(5)制作服务产品。适时制作、发布特色农业气象服务产品,题头均为"特色农业气象服务"。产品内容包括:前期气象条件及对该特色作物的影响、未来天气趋势及对该特色作物的影响、提出生产管理建议,遇转折性天气、灾害性天气时及时制作、发布农业气象灾害预警信息。

(6)服务方式。在保证服务时效的前提下向用户提供纸质服务产品,各种服务产品可通过信息服务站、气象局网站、E-mail、电子显示屏、手机短信等多种渠道进行发布。

9.4.5 进度安排

(1)各县气象局在5月20日前将指定为农服务人员报市局生态与农业气象中心Notes邮箱:承德市生态与农业气象中心/承德市局/河北/CMA。

(2)各县气象局在6月10日前完成本地特色作物的服务需求调研,明确服务对象。制订和完善特色农业气象服务周年方案、指标,修订服务流程,"三农"专项县制订完善以旬为时间单位的不同作物的农业气象服务工作历。

(3)适时制作、发布"特色农业气象服务"产品,开展特色作物的各生育期、关键农事季节的特色服务,服务产品存档。

(4)12月10日前各县气象局报送特色农业气象服务总结。

9.5 承德市气象局2016年农业气象服务方案

根据《中共河北省委 河北省人民政府农村工作领导小组关于印发〈关于创新气象为农服务机制 保障我省农业农村转型发展的意见〉的通知》(冀农〔2015〕1号)精神,结合承德市农业产业结构布局以及我市区域特色优势产业发展,特制订2016年农业气象服务方案。

9.5.1　总体目标

以市场需求为导向,重点推进"一县一品"或"一县多品"特色农业气象服务。制作、发布特色作物生产全过程的农业气象条件分析、预报、农业气象灾害预报预警等精细化专业气象服务产品。开展农业气象业务培训,指导县级业务人员释用专业农业气象服务产品,并做好本地的直通式服务。力争使承德市农业气象服务涵盖本地主要农业产业和主要特色优势产业领域,并取得良好的服务效益。

9.5.2　农业气象服务模式与职责

本着市局制作县局应用服务模式,市局生态与农业气象中心负责制作、发布各特色作物和常规农业气象服务产品,县局负责释用各专业气象服务产品并做好面向种养大户的直通式服务。具体职责如下。

9.5.2.1　生态与农业气象中心职责

(1)完善各特色作物的气象服务指标体系。

(2)面向市委、市政府和相关部门制作和发布特色农业气象决策服务产品。

(3)面向各县气象局制作、发布各特色作物全产业链气象服务产品,开展动态的灾害风险预报预警以及病虫害气象条件预报工作。

(4)开展技术培训,指导各县气象部门释用特色作物专业气象服务产品。

(5)适时组织田间调研,用户回访,灾情调查,气象服务效益评估.

(6)开展特色作物气象灾害防御、农业气象资源高效利用、病虫害防治等适用技术研究,并组织科研成果推广应用。

9.5.2.2　各县气象局职责

(1)重点面向农民合作社、种养殖大户、涉农企业,将重点服务对象纳入信息库并建立"直通式"联系。

(2)根据本地特色作物,释用市局农业气象服务产品,开展精细化"直通式"服务。各县拟定开展的特色农业气象服务作物如下所示(可根据当时农业结构调整适时更改):

围场县:马铃薯、中药材

丰宁县:时差菜、马铃薯

隆化县:水稻

承德县:苹果、食用菌、水稻

平泉县:食用菌、中药材

滦平县:设施蔬菜、中药材、板栗

宽城县:板栗、中药材、食用菌

兴隆县:山楂、板栗、苹果

(3)实时监控田间小气候监测系统、作物实景监测系统、室内小气候观测等系统的运行状况,保障监测系统的运行正常。

(4)适时开展田间调研、灾情调查,并及时反馈相关信息。

9.5.3 服务产品

为更好适应农业生产发展新需求,结合承德实际,清理僵尸服务产品,打造以用户需求为导向的气象服务产品。力争使服务产品由以前的以情报类为主向以预报预警类为主转变,由以前的基本大田服务向特色作物精细化服务转变,由以前的以文字为主形式向图形化形式转变,由以前的以客观评价为主向定量化转变,使农业气象业务服务产品的时效性、针对性、精细化、客观化、定量化水平有明显提高。

2016年农业气象服务产品主要分为《农业气象情报》《农业气象专题分析》《特色农业气象服务专报》三大类。

(1)农业气象情报

分为农业气象旬报和农业气象月报两种,农业气象旬报每月1日、11日和21日发布,农业气象月报每月2日前发布,上述产品针对旬、月尺度的天气与农业生产特点,内容上要更加突出农业气象影响预报与影响评估的定量化、精细化。

(2)农业气象专题分析

1)农业气象灾害预警评估类产品:根据农业生产情况和天气情况,由值班人员提出,主管领导确认,按需编发针对高影响天气的农业气象服务专题产品,做到灾前风险分析和预警预估、灾中跟踪监测诊断、灾后评估分析。

2)关键农事农时的专题服务:春播期农业气象条件分析、主要作物适宜播种期预报、秋收期农用天气预报。

3)《农业气象专题分析》产品统一定性为不定期产品,根据灾害性天气出现时间、灾害类型以及当前农时有所提前或延后。

(3)特色农业气象服务专报

根据特色作物生长发育及管理对气象服务的需求,不定期制作此类产品。针对马铃薯、苹果、板栗、山楂、食用菌、中药材等特色作物的服务产品统一归类于特色农业气象服务产品,并以《XX气象服务专报》形式发布,如《马铃薯气象服务专报》《板栗气象服务专报》。

9.5.4 服务方式及用户

各种服务产品可通过信息服务站、气象局网站、E-mail、电子显示屏、手机短信等多种渠道进行发布。

市局服务产品发布对象:市委、市政府相关部门、农业部门、各县气象局、部分种植大户。抄送省局减灾处、科研所等单位或个人。

各县局服务对象:县委、市政府相关部门、农业部门、林业部门、种植大户。

9.6　承德市气象局农业气象灾害实地调查方案

农业气象灾害实地调查是全面掌握农业气象灾害发生情况,定量分析评估农业气象灾害对农业生产影响的直接手段和基础工作。建立规范化的灾害调查流程和调查方法可为气象行业乃至其他相关行业开展农业气象灾害调查提供统一的规范标准,使实时农业气象灾害实地调查更具权威性、科学性、准确性和完整性,与历次灾情调查结果更具备可比性。及时组织对农业生产危害大、波及范围广、发生频率高的主要农业气象灾害进行实地调查,及时准确掌握农业气象灾情,使农业气象灾情调查结果在为各级政府部门科学部署抗灾、减灾和救灾以及指导农业生产、保障国家粮食安全等方面发挥更大的作用。

9.6.1　调查原则

农业气象灾害实地调查应遵循及时、科学、客观、准确和完整的原则。

9.6.2　灾害调查流程

(1)成立调查小组

调查组承德市生态与农业气象中心牵头,联合市农牧局相关部门及各县气象局、农牧局相关技术人员组成,成员应不少于 3 人。其中调查小组组长应具有一定的组织协调能力、较丰富的专业理论知识和实践经验。

(2)制定调查方案

在灾害实地调查前,调查小组应根据实时气象观测资料,通过电话了解,初步划定灾害影响区域。根据灾害发生的种类和影响情况,选定实地调查区域范围、重灾区、重点调查地点、农作物以及调查项目等。

(3)开展实地调查

1)目测

对受灾环境、灾情等进行目测,并按附录 B 的表 B.1 要求填入相应栏中。

2)器测

利用附录 A 中的调查仪器设备,按仪器说明和《农业气象观测规范》的要求测定调查点的地理位置,观测土壤墒情、灾情和苗情等,观测数据填入附录 B 的表 B.1 相应栏中。

3)数码摄录

对调查环境和作物受灾场景进行全景、近景以及典型场景特写进行数码摄录,其视频、照片资料按附录 B 的表 B.1 要求编号,并填入相应栏中。

4)走访调查

在每个调查点访问农村基层干部或熟悉当地情况的村民,就当地当年以及历史上的农作物生产、受灾情况进行口述调查。按附录 B 的表 B.2 要求填写走访调查登记表。同时对访问情况(包含被访问者人正面)进行拍照、录音备案。其音像资料按附录 B 的表 B.2 要求编号。

5)撰写灾害调查报告

在农业气象灾害实地调查结束 3 d 内,按附录 C 要求完成农业气象灾害实地调查报告。

6)资料存档

所有数据、电子表格、报告、电子影像等调查资料编号命名后,录入"农业气象灾害现场调查数据",并集中存储于同一目录路径下,目录名按"调查区域名+灾害类型+灾害发生年月日"表示,如"兴隆洪涝 120721"。对农业气象灾害现场调查所填写记录的各类表格等集中作为纸质档案统一保存;对采集的植物样本压制好后按要求存放。

附录 A

农业气象灾害调查的仪器、设备主要性能

A.1　GPS

便携式,具有液晶显示和输入、输出功能,且能准确定位经纬度和海拔高度。

A.2　数码录音笔

与其他大容量存储设备兼容,MP3 录音格式,录音时间和录音距离能满足日常录音需求。

A.3　数码照相机

2 GB 以上存储容量,300 万以上像素。

A.4　数码摄像机

便携式彩色摄像机,100 万以上像素,16 GB 以上内置存储器。

A.5　卷尺

A.6　土壤水分速测仪

土壤含水率测量范围为 0～100%,相对湿度和土壤体积含水量的绝对误差不超过 5%,田间操作方便、快速。

附录 B

农业气象灾害实地调查表单样式

表 B.1　农业气象灾害实地调查记录表
(编号:GC＋灾害类型代号＋年月日＋序号)

测点编号			调查日期			
调查地点		经　度	° ′E	纬　度	° ′N	
灾害类型		受害程度		作物名称		
品种名称		品种熟性		品种类型		
播种方式		当前发育期		植株高度 (cm)		
受灾场景影像编号						
土壤相对 湿度(%)	0～10 cm	10～20 cm	20～30 cm	30～40 cm	干土层(cm)	
受灾环境描述						
灾情描述						
备注						

调查人员(签字):

说明:

1.记录表编号:以"GC＋灾害类型代号＋年月日＋序号"表示。其中"GC"表示灾害观测调查,取观测两字的第一个拼音字母;"灾害类型代号"编号见本说明5;"年月日"编号按年月日以6位数表示,如2008年6月21日用"080621"表示;"序号"为此次实地调查期间所填写调查记录表或走访登记表的总排序,以2位数表示。

2.测点编号:为此次现场调查所有观测点的总排序,以2位数表示。

3.调查日期:以年–月–日或年/月/日表示。

4.调查地点和经纬度:调查地点填写县、乡、村、组(自然村)名,经纬度以调查地点的GPS读数为准,以度、分表示。

5.灾害类型:用能表述此灾害的2个拼音字母表示,如:干旱-GH,洪涝-HL,(涝)渍害-LZ,连阴雨-YY,雪灾-XZ,冻害-DH,低温霜冻-SD,低温冷害-DW,干热风-RF,高温热害-GW。

6.受害程度:按《农业气象观测规范》规定的受害程度描述,统计受害百分率。

7.作物名称:如一季稻、春玉米等作物中文名称。

8.品种名称:指作物具体的品种(如玉米大民、水稻汕优63等)。

9.品种熟性:为早熟、中熟或晚熟。

10.品种类型:如冬小麦的春性、半冬性,水稻的籼稻、粳稻等。

11.播种方式:撒播、条播、移栽等。

12.当前发育期:为作物观测时所处的发育期,如拔节期、开花期等。

13.植株高度:按《农业气象观测规范》要求观测,单位:厘米,取整数。

14.受灾场景影像编号:以"作物类型代号+灾害类型代号+年月日+序号"表示,其中作物类型代号用能表述该物的2个拼音字母表示,如:小麦-XM、油菜-YC,双季早稻-SZ等;灾害类型代号和年月日的编号同本说明5和1;序号为该测点所摄影像序号,以时间先后排号,用2位数表示,首尾影像序号之间用"-"连接。例:2012年8月15日拍摄的小麦干旱1~10号受灾照片,编号为"YMGH2012081501-10"。

15.土壤相对湿度:按国家气象中心颁布的《农业气象观测规范》之"土壤水分分册"要求进行测定、填写。

16.受灾环境描述:对现场调查环境如地形地貌、附近水系、灌溉、农作物布局、农田林网、土壤等情况进行描述。

17.灾情描述:对灾害影响的范围、程度,以及灾害对农作物造成的影响或损失等进行描述。

18.备注:用于说明其他需要说明的情况。

表 B.2　农业气象灾情走访调查登记表

（编号:"ZF+灾害类型代号+年月日+序号"）

被访问者姓名		性别		年龄	
身份		所属县、镇(乡)、村			
村土地面积					
受灾面积					
受灾作物					
历史常见气象灾害及影响					
当年农业生产情况					
本次灾害发生影响情况					
照片编号					
录音编号					
备注					

访问人:　　　　　　　　访问日期:

说明:

1.记录表编号:以"ZF+灾害类型代号+年月日+序号"表示。其中"ZF"表示走访调查,取走访两字的第一个拼音字母;"灾害类型代号、年月日、序号"编号同表 B.1 说明1。

2.身份:被访问者身份,如:村干部、农民等。

3.所属县乡村:被访问者所属县、乡、村名称。

4.村土地面积:该村土地面积,以公顷表示。

5.历史常见气象灾害及影响:当地历史常见气象灾害类型、发生频率及其可能造成的影响程度等。

6.当年农业生产情况:作物种植面积、播种时间、苗情长势与常年比较等。

7.本次灾害发生影响情况:本次灾害发生种类、主要受灾作物、灾害持续时间、影响范围、灾害对作物危害程度及其他农业生产及生命财产损失情况。

8.照片、录音编号:与本次走访相应的照片、录音,编号同表 B.1 说明 14。

9.备注:用于说明其他需要说明的情况。

附录 C

农业气象灾害实地调查报告撰写要求

C.1 农业气象灾害概况

C.1.1 前期气象条件概述

前期气象条件、作物生长发育状况概述。

C.1.2 灾害对农业的影响

灾害发生发展过程概述、灾害强度、主要影响区域、影响作物等概述。

C.2 农业气象灾情实地调查实施情况

C.2.1 调查组组成及分工

调查组组成单位、人员,组长及分工。

C.2.2 调查方案

调查区域范围、重点调查地点、重点调查农作物、调查观测项目、行程路线等。

C.2.3 调查经过

调查日期及日程安排简述,走访情况(地点、采访对象)、观测情况、采样情况。并附路线图、平面图等示意性图件。

C.3 农业气象灾情实地调查结果分析

C.3.1 灾情资料收集

对灾情数据、农业气象数据以及各种影像资料的收集情况和数据入库情况等进行概述。

C.3.2 灾情实地调查实况

用调查收集的图片和数字等对灾害情况进行简要描述。

C.3.3 灾情实地调查影响初步分析

依据调查资料,对农业生产的影响等做简要分析和评估。

C.4 灾情实地调查总结与建议

C.4.1 灾情调查总结

对此次调查中存在的问题进行总结,从调查程序本身和灾情两方面考虑。

C.4.2 建议

包括灾后生产对策建议、工作建议等。

9.7　承德市气象局 2016 年农业气象服务工作历

农事关键期	时间	重点工作	关注重点	服务产品类	服务用户	服务方式
	3月 备耕	(1)整理农业气象资料；(2)与农牧局沟通合作事宜；(3)种养大户登录；(4)春播备耕前的农业气象服务。	(1)春耕备播前土壤墒情；(2)土壤解冻情况	春播期气象服务专报；农业气象情报（旬月报）	政府领导、农业部门、各县气象局	E-mail、传真、网站、新媒体
备耕春播期	4月 春播开始	(1)4月中下旬开始，大田作物由南到北进入播种期，做好春播期气象服务保障工作；(2)特色农业气象服务；果树萌芽、开花期气象条件分析；(3)开展一次春耕生产田间调查。	(1)首场透雨时间；(2)土壤墒情；(3)土壤解冻情况；(4)气温、地温实况	春播期气象服务专报；农业气象情报（旬月报）；特色农业气象服务	政府领导、农业部门、各县气象局、种植大户	E-mail、传真、网站、新媒体；4月初开始电视画面播报各地耕层地温实况游走字幕
	5月 播种—出苗	(1)作物苗期，开展一次苗期作物田间管理检查指导；(2)密切关注天气形势及预报，遇有低温冷害、霜冻、干旱等农业灾害，可能对农业生产造成影响时，及时提前制作、发布农业气象灾害预警信息；(3)特色农业气象服务；(4)春季农业气象服务总结。	(1)终霜时间；(2)出苗前后的降温、霜冻、倒春寒灾害；(3)长时间无有效降水造成的春旱；(4)苗期作物病虫害	农业气象灾害预警信息、农业气象情报（旬月报）；特色农业气象服务	政府领导、农业部门、各县气象局、种植大户	E-mail、传真、电话、网站、短信、新媒体；电视画面播报各地耕层地温实况游走字幕
夏管期	6月— 9月 中旬	(1)随时掌握大田作物生育状况；(2)密切关注天气形势及预报，将有局地强降水、洪涝、暴雨等气象灾害，干旱等气象灾害生产造成影响时，及时提前制作、发布农业气象灾害预警信息；(3)适时开展田间调查；会商、气象、农商、农牧联合发信息；(4)特色农业气象服务。	(1)局地强降水、暴雨、洪涝、大风灾害；(2)夏旱、特别是"七上八下"的卡脖旱；(3)作物的病虫害	农业气象灾害预警信息；农业气象情报（旬月报）；特色农业气象服务	政府领导、农业部门、各县气象局、种植大户	E-mail、传真、电话、网站、短信、新媒体

续表

农事关键期	时间	重点工作	关注重点	服务产品类	服务用户	服务方式
秋收期	9月下旬—10月中旬	(1)密切关注天气形势及服务预报，做好初霜冻预报及服务工作，遇有强降温、大风等灾害性天气及时发布农业气象灾害预警信息；(2)与农牧局保持联系，掌握全市秋收进度，分析天气趋势对秋收工作的影响，制作秋收气象服务专报；(3)果品收获期气象服务。	(1)初霜冻时间；(2)大风、降温等天气对农业生产的影响；(3)预防晚秋霜冻地露蔬菜、林果品冻害。	农业气象灾害预警信息 农业气象情报（旬报） 特色农业气象服务秋收气象服务专报	政府领导、农业部门、各县气象局、种植大户	E-mail、传真、电话、网站、短信、新媒体
秋、冬春设施蔬菜	10月初—翌年5月	(1)维护设施农业小气候观测站观测设备；(2)密切关注天气形势及预报，遇有强降温、大风、降雪等灾害性天气及时发布农业气象服务；(3)全年农业气象服务总结。	大风、降温、暴雪、寡照等灾害性天气对设施农业的影响	设施蔬菜气象灾害预警 农业气象情报（旬报） 特色农业气象服务	政府领导、农业部门、各县气象局、设施农业种植、养殖大户	E-mail、传真、电话、网站、短信、新媒体

9.8 承德市气象局 2016 年农业气象服务产品一览表

题头	主题	制作、发布时间	内容
农业气象情报	旬报	农业气象旬报，每旬逢1制作	当前农情，上一旬的天气特点及对农业生产影响，未来一旬天气趋势及对农业生产影响，天气实况尽量以图表形式。气温、降水、日照等。
	月报	农业气象旬报，每月逢1制作	上一月的天气特点及对农业生产影响，未来一月天气气候趋势及对农业生产影响，天气实况（气温、降水、日照等）尽量以图表形式。
农业气象专题	春播期气象服务专报	4月上旬开始制作	春播期农业气象条件分析（气温、地温、土壤墒情）专题，玉米、马铃薯等春播作物适播种期预报、土壤墒情分析专题。

续表

题头	主题	制作·发布时间	内 容
农业气象专题	农业气象灾害预报预警	预报有气象灾害、可能对农业生产造成影响时，提前制作	低温冷害、霜冻、干旱、暴雨、大风、暴雪、寒潮等，将要出现的气象灾害类型、具体天气预报信息、农业气象灾害等级、对农业生产的影响及防治措施。
	农业气象灾害影响评估	较大降水、灾害性天气出现后	结合实地调查、会商，确定灾害等级、程度、范围，对当前农业生产的影响，根据未来天气趋势提出指导性管理建议。
	秋收气象服务专报	9月下旬至10月中旬，每3天制作一期秋收气象服务专报	分析前3天天气及对秋收工作的影响，提供未来3天的天气预报及未来天对秋收工作的影响。
	设施蔬菜	遇大风、寡照、强降温、暴雪、低温寡照时适时发布灾害预警，进行影响评估	灾前进行预警，灾后进行影响评估。结合实地调查，确定灾害发生程度、分布、等级，对当前流菜生产的影响，根据未来天气预报提出指导性管理建议。
	马铃薯	播种至收获、冬储期	马铃薯适播种期预报，马铃薯发育期预报，马铃薯全生育期气象条件评价，马铃薯病虫害气象条件预测预警，马铃薯冬储气象服务。
特色农业气象服务	板栗	萌芽至收获	板栗萌芽期、盛花期、子叶增重期、成熟收获期气象条件预测预报，灾害性天气预警。
	山楂	萌芽至收获	果树萌芽至收获气象条件适宜性分析，结果期冻害等灾害性天气。重点关注花期霜冻，结果期冻害等灾害性天气。
	苹果	萌芽至收获	果树萌芽至收获气象条件适宜性分析，结果期冻害等灾害性天气。重点关注花期霜冻，结果期冻害等灾害性天气。
	食用菌	食用菌生产期	重点关注强降温、暴雨、大风、冰雹等灾害性天气，发布灾害性天气预警。
	中药材	播种至收获	重点关注暴雨、暴雪、长期干旱等灾害性天气，发布灾害性天气预警信息。

参 考 文 献

北京农业大学农业气象专业,1982.农业气象学[M].北京:科学出版社.

曹志伟,2011.杜仲栽培与气象条件分析[J].安徽农学通报(下半月刊),17(24):102-103.

陈焕武,马锋,梁小苗,2015.榆林市枣树各生育期气象条件分析[J].现代农业科技,(5):267-268.

代立芹,康西言,姚树然,等,2014.河北冬小麦冬季不同类型冻害气候指标及风险分析[J].生态学杂志,33(8):2046-2052.

段若溪,姜会飞,2013.农业气象学:修订版[M].北京:气象出版社.

高峰,焦海燕,2011.核桃树栽培技术[J].吉林农业,(4):227.

国家气象局,1993.农业气象观测规范:上卷[M].北京:气象出版社.

韩湘玲,1991.作物生态学[M].北京:气象出版社.

韩湘玲,1999.农业气候学[M].太原:山西科学技术出版社.

黄秋兰,吴林峰,廖云和,2012.金银花习性及生长气象条件研究[J].内江科技,(9):96-97.

霍治国,王石立,等,2009.农业和生物气象灾害[M].北京:气象出版社.

李共阳,2013.红薯栽培技术要点[OL].[2013-4-18].http://www.farmers.org.cn/Article/ShowArticle.asp? ArticleID=262924.

李强,2013.浅谈黄柏栽培技术[J].农村实用科技信息,(8):20.

辽宁省喀左县气象局,2012.农业气象服务手册[M].沈阳:辽宁科学技术出版社.

刘捍中,2006.葡萄栽培技术[M].郑州:中原农民出版社.

刘云娥,2016.山楂树的栽培技术与生长管理[J].种子科技,(6):78-80.

吕晋慧,李艳锋,王玄,等,2013.遮阴处理对金莲花生长发育和生理响应的影响[J].中国农业科学,46(9):1772-1780.

马占元,1997.日光温室实用技术大全[M].石家庄:河北科学技术出版社:278-279.

毛留喜,魏丽,2015.大宗作物气象服务手册[M].北京:气象出版社.

彭国照,彭骏,熊志强,2007.四川道地中药材川芎气候生态适应性区划[J].中国农业气象,28(2):178-182.

全国农业气象标准化技术委员会,2015.农业干旱等级:GB/T 32136—2015[S].北京:中国标准出版社.

全国气象防灾减灾标准化技术委员会,2009.水稻、玉米冷害等级:QX/T 101—2009[S].北京:气象出版社.

全国气象防灾减灾标准化技术委员会,2012.北方春玉米冷害评估技术规范:QX/T 167—2012[S].北京:气象出版社.

孙丽君,董艳娟,孙忠财,2009.防风高产栽培技术要点[J].中国农村小康科技,(10):68-69.

天和苗木有限公司,2014.适应核桃树的生长环境[OL].[2014-12-24].http://www.thgsi.com/h-nd-164-2_401.html.

田淑平,2014.北苍术种植技术[J].河北农业,(1):6-7.

王建林,2010.现代农业气象业务[M].北京:气象出版社.

魏瑞江,2010.日光温室黄瓜低温寡照灾害预警技术研究[D].兰州:兰州大学:28-29.

魏瑞江,2014.日光温室蔬菜气象服务基础[M].北京:气象出版社.

闫宏生,2014.谷子栽培技术要点[OL].[2014-4-16].http://www.cyone.com.cn/Article/Article_
　27903.html.

杨霏云,郑秋红,罗蒋梅,等,2016.实用农业气象指标[M].北京:气象出版社.

杨晓光,陈阜,2014.气候变化对中国种植制度影响研究[M].北京:气象出版社.

杨再强,张婷华,黄海静,等,2013.北方地区日光温室气象灾害风险评价[J].中国农业气象,34(3):
　342-349.

袁宝忠,2005.甘薯栽培技术[M].北京:金盾出版社.

詹志红,2008.花生高产栽培技术[M].北京:金盾出版社.

张波,2013.温室风灾与雪灾预警技术的研究[D].南京:南京信息工程大学,43-44.

张荣珍,2015.科学种养[OL].[2015-05-14].http://www.nczfj.com/shucaizhongzhi/201015732.
　html.

张燕,2004.黄芩营养特性及施肥效应的研究[D].北京:北京林业大学:30-31.

甄文超,王秀英,2006.气象学与农业气象学基础[M].北京:气象出版社.

中国气象局,2005.生态农业观测规范:上卷[M].北京:气象出版社.

中国气象局政策法规司,2006.气象干旱等级:GB/T 20481—2006[S].北京:中国标准出版社.

中国气象局政策法规司,2007.小麦干热风灾害等级:QX/T 82—2007[S].北京:气象出版社.

中国气象局政策法规司,2008.主要农作物高温危害温度指标:GB/T 21985—2008[S].北京:中国
　标准出版社.

中国气象局政策法规司,2008.作物霜冻害等级:QX/T 88—2008[S].北京:气象出版社.

周艳玲,2009.防风种子休眠生理与栽培技术研究[D].哈尔滨:东北林业大学:1-2.

附录1 1981—2010年河北省各地平均初、终霜日期及无霜期

站名	终霜日	初霜日	无霜期(d)	站名	终霜日	初霜日	无霜期(d)	站名	终霜日	初霜日	无霜期(d)
康保	5月19日	9月9日	112	平山	3月19日	11月10日	235	磁县	3月27日	11月5日	222
尚义	5月14日	9月14日	122	新乐	3月24日	11月3日	223	广平	3月26日	11月6日	224
张北	5月11日	9月18日	129	定州	3月22日	11月6日	228	肥乡	3月27日	11月3日	220
怀安	4月20日	10月12日	174	藁城	3月25日	11月8日	227	成安	3月26日	11月3日	221
阳原	4月22日	10月8日	168	无极	3月26日	11月6日	224	沽源	5月16日	9月11日	117
宣化	4月23日	10月4日	163	临漳	3月23日	11月9日	230	崇礼	5月12日	9月22日	132
万全	4月22日	10月11日	171	沙河	3月28日	11月7日	223	赤城	4月28日	10月2日	156
蔚县	4月24日	10月8日	166	赵县	3月31日	11月1日	214	怀来	4月5日	10月24日	201
丰宁	4月27日	10月4日	159	柏乡	4月1日	11月1日	213	涿鹿	4月12日	10月16日	186
围场	4月29日	10月3日	156	栾城	3月20日	11月8日	232	遵化	4月2日	10月24日	204
隆化	4月24日	10月6日	164	高邑	3月24日	11月7日	227	迁西	4月1日	10月26日	207
承德	4月10日	10月17日	189	元氏	3月25日	11月5日	224	青龙	4月9日	10月14日	187
平泉	4月25日	10月3日	160	临城	3月23日	11月9日	230	滦南	3月30日	11月1日	215
滦平	4月23日	10月8日	167	隆尧	3月24日	11月5日	225	卢龙	4月1日	10月28日	209
兴隆	4月20日	10月8日	170	赞皇	3月21日	11月10日	233	迁安	4月6日	10月23日	199
宽城	4月8日	10月15日	189	宁晋	4月1日	11月4日	216	涿州	3月26日	10月30日	217
顺平	3月25日	11月3日	222	内丘	4月4日	11月1日	210	容城	3月23日	11月4日	225
涞源	4月24日	10月2日	160	巨鹿	3月21日	11月7日	230	高碑店	3月27日	11月2日	219
灵寿	3月18日	11月9日	235	任县	3月27日	11月4日	221	易县	3月26日	11月1日	219
曲阳	3月30日	10月25日	208	涉县	3月29日	11月2日	217	大厂	3月29日	10月30日	214
行唐	3月27日	11月5日	222	武安	3月28日	11月7日	223	固安	3月29日	10月29日	213
晋州	3月20日	11月8日	232	南和	3月27日	11月5日	222	霸州	3月23日	11月4日	225
阜平	3月25日	11月1日	220	曲周	3月23日	11月8日	229	永清	3月30日	10月26日	209
正定	3月18日	11月10日	236	峰峰	3月14日	11月16日	246	三河	3月30日	10月29日	212
唐县	3月24日	11月5日	225	永年	3月28日	11月7日	223	香河	3月26日	11月2日	220
井陉	3月22日	11月9日	231	魏县	3月22日	11月4日	226	玉田	3月29日	10月29日	213

续表

站名	终霜日	初霜日	无霜期(d)	站名	终霜日	初霜日	无霜期(d)	站名	终霜日	初霜日	无霜期(d)
滦县	4月2日	10月28日	208	大城	3月29日	10月30日	214	辛集	3月19日	11月9日	234
丰润	3月31日	10月31日	213	河间	3月26日	10月31日	218	武邑	3月26日	11月5日	223
丰南	3月30日	10月29日	212	青县	3月25日	11月6日	225	冀州	3月21日	11月7日	230
曹妃甸	3月26日	11月2日	220	献县	3月25日	11月6日	225	南宫	3月25日	11月4日	223
乐亭	3月31日	10月29日	211	泊头	3月25日	11月5日	224	清河	3月25日	11月5日	224
昌黎	3月30日	11月1日	215	蠡县	3月27日	11月2日	219	故城	3月25日	11月5日	224
抚宁	4月2日	10月28日	208	深泽	3月24日	11月5日	225	枣强	3月22日	11月7日	229
徐水	3月28日	10月30日	215	黄骅	3月25日	11月8日	227	阜城	3月25日	11月4日	223
高阳	3月27日	10月29日	215	肃宁	3月28日	10月30日	215	景县	3月29日	11月2日	217
安国	3月24日	11月3日	223	盐山	3月30日	11月5日	219	东光	3月26日	11月7日	225
安新	3月30日	10月30日	213	海兴	4月2日	11月4日	215	吴桥	3月27日	11月5日	222
饶阳	3月25日	11月2日	221	广宗	3月26日	11月4日	222	南皮	3月27日	11月3日	220
望都	3月30日	11月1日	215	平乡	3月28日	11月3日	219	威县	3月26日	11月4日	222
深州	3月20日	11月7日	231	新河	3月23日	11月6日	227	临西	3月29日	11月3日	218
安平	3月23日	11月4日	225	雄县	3月25日	11月2日	221	大名	3月24日	11月8日	228
任丘	3月23日	11月4日	225	鸡泽	3月26日	11月3日	221	馆陶	3月24日	11月5日	225
满城	3月21日	11月6日	229	孟村	4月4日	11月1日	210	邱县	3月21日	11月7日	230
文安	3月25日	11月5日	224	武强	3月28日	10月31日	216				

附录 2 1981—2010 年河北省各地各界限温度的活动积温

单位：℃·d

站名	≥0 ℃	≥5 ℃	≥10 ℃	≥15 ℃	≥20 ℃	站名	≥0 ℃	≥5 ℃	≥10 ℃	≥15 ℃	≥20 ℃
康保	2592.8	2505.4	2233.9	1602.4	428.2	平山	5003.5	4896.1	4616.0	4114.1	3259.4
尚义	2848.1	2758.8	2482.3	1866.9	612.0	新乐	4899.8	4797.2	4527.5	4040.2	3160.2
张北	2777.0	2683.9	2397.0	1760.1	492.6	定州	4928.4	4820.4	4544.2	4042.0	3170.8
怀安	3725.3	3636.1	3370.4	2868.7	1865.1	藁城	4997.2	4885.8	4617.2	4100.4	3237.6
阳原	3799.6	3714.9	3439.2	2948.7	1967.4	无极	4933.4	4829.3	4562.8	4068.4	3200.3
宣化	3804.9	3718.3	3453.2	2972.4	2013.6	临漳	5144.9	5017.6	4726.3	4195.7	3322.1
万全	3795.0	3711.2	3442.2	2975.3	1989.9	沙河	5028.8	4917.9	4638.2	4122.6	3260.9
蔚县	3702.3	3614.5	3340.8	2832.6	1785.0	赵县	4855.3	4747.9	4472.9	3956.5	3040.9
丰宁	3560.0	3474.5	3210.0	2699.7	1633.8	柏乡	4920.4	4816.7	4548.4	4039.8	3172.2
围场	3211.8	3127.4	2848.8	2301.9	1101.4	栾城	5064.8	4952.1	4677.2	4175.3	3295.3
隆化	3685.8	3601.4	3342.8	2846.4	1851.8	高邑	5035.0	4923.1	4650.7	4145.2	3262.3
平泉	3692.6	3608.0	3346.1	2843.9	1823.0	元氏	4983.3	4872.3	4596.6	4105.5	3212.7
滦平	3728.8	3645.5	3378.3	2871.7	1836.2	临城	5103.7	4992.2	4711.9	4221.9	3380.1
兴隆	4184.3	4101.6	3840.8	3365.1	2477.8	隆尧	5027.2	4914.7	4645.2	4133.7	3261.3
承德	3611.8	3523.0	3240.5	2704.1	1610.6	赞皇	5135.3	5025.5	4742.5	4251.7	3391.1
宽城	4085.2	3996.8	3738.4	3243.9	2320.2	宁晋	4901.6	4797.8	4529.1	4015.7	3113.7
顺平	4873.4	4768.8	4502.9	4001.6	3148.8	内丘	4915.7	4812.7	4540.2	4043.6	3162.7
涞源	3599.8	3510.7	3205.5	2636.2	1519.2	巨鹿	5108.2	4993.8	4726.4	4218.4	3398.4
灵寿	5040.0	4928.4	4654.8	4166.7	3314.9	任县	5005.1	4897.4	4628.0	4117.7	3256.5
曲阳	4721.8	4617.7	4350.7	3831.1	2957.7	涉县	4826.8	4701.2	4388.9	3826.8	2849.9
行唐	4827.9	4721.9	4452.8	3935.1	3039.3	武安	5063.7	4950.5	4663.9	4139.8	3256.2
晋州	5034.1	4920.9	4641.4	4147.7	3282.5	南和	5042.0	4927.4	4653.1	4137.9	3271.3
阜平	4854.1	4748.3	4479.4	3977.9	3132.8	曲周	5121.0	5000.1	4720.1	4195.2	3315.6
正定	5133.6	5016.7	4740.1	4245.5	3392.8	峰峰	5396.4	5263.1	4948.9	4436.6	3571.2
唐县	4880.0	4776.1	4506.8	4001.3	3148.6	永年	5079.7	4963.4	4681.4	4153.5	3277.9
井陉	4994.7	4882.9	4583.9	4064.9	3166.9	魏县	5075.9	4951.0	4656.2	4114.1	3218.9

续表

站名	≥0 ℃	≥5 ℃	≥10 ℃	≥15 ℃	≥20 ℃	站名	≥0 ℃	≥5 ℃	≥10 ℃	≥15 ℃	≥20 ℃
磁县	5036.0	4914.2	4623.1	4089.9	3188.0	抚宁	4421.9	4317.6	4066.7	3556.3	2690.5
广平	5033.9	4915.6	4628.2	4090.0	3197.3	徐水	4774.4	4677.4	4416.4	3916.6	3044.8
肥乡	5033.4	4917.3	4635.4	4105.4	3236.2	高阳	4818.1	4720.1	4464.9	3978.5	3116.7
成安	5050.9	4931.6	4648.1	4120.1	3236.0	安国	4907.0	4802.7	4534.8	4041.7	3171.7
沽源	2608.1	2518.2	2235.7	1572.8	371.8	安新	4778.6	4680.3	4428.2	3934.5	3070.3
崇礼	2865.0	2772.8	2495.9	1865.1	571.2	饶阳	4902.5	4797.3	4531.4	4038.8	3205.0
赤城	3347.8	3261.5	2980.2	2436.2	1258.4	望都	4721.6	4620.8	4357.1	3842.0	2932.9
怀来	4209.1	4119.6	3862.7	3362.1	2478.6	深州	5031.0	4921.6	4654.5	4155.6	3318.2
涿鹿	4091.2	3994.6	3729.6	3222.4	2292.3	安平	4988.0	4881.5	4609.5	4119.6	3286.9
遵化	4566.8	4477.3	4222.0	3748.6	2915.0	任丘	5005.8	4901.7	4640.4	4154.3	3264.8
迁西	4532.2	4440.9	4187.6	3718.8	2877.1	满城	4963.3	4859.7	4595.6	4108.3	3264.8
青龙	4122.0	4030.7	3769.4	3287.7	2376.2	文安	4945.6	4844.5	4592.0	4109.6	3305.7
滦南	4512.4	4411.7	4164.0	3659.8	2811.6	大城	4870.8	4770.9	4519.6	4038.8	3239.2
卢龙	4513.4	4416.3	4165.2	3676.5	2811.0	河间	4925.5	4815.9	4560.4	4063.2	3318.2
迁安	4360.9	4266.7	4016.0	3528.0	2658.8	青县	4955.1	4800.1	4538.9	4047.5	3197.9
涿州	4768.9	4668.4	4400.8	3911.8	3072.7	献县	5013.5	4904.7	4640.8	4151.3	3347.9
容城	4873.9	4774.0	4509.2	4023.2	3193.6	泊头	5033.6	4922.9	4657.2	4171.4	3373.8
高碑店	4745.9	4648.1	4388.8	3893.3	3027.3	蠡县	4889.5	4789.2	4526.2	4033.3	3199.5
易县	4831.1	4729.5	4470.1	3984.9	3150.0	深泽	4927.4	4819.3	4547.0	4052.8	3189.9
大厂	4664.7	4568.4	4305.2	3820.7	2958.3	黄骅	4944.5	4835.4	4572.9	4090.5	3295.1
固安	4740.0	4641.1	4380.8	3890.3	3032.7	肃宁	4887.8	4789.2	4523.7	4033.1	3049.6
霸州	4913.4	4811.9	4552.6	4077.3	3264.7	盐山	4912.8	4843.4	4541.2	4050.1	3234.3
永清	4539.9	4447.4	4200.8	3723.4	2906.5	海兴	4924.0	4816.2	4558.3	4064.5	3269.3
三河	4626.7	4532.8	4271.9	3773.9	2897.6	广宗	5067.4	4953.5	4570.9	4182.8	3345.8
香河	4732.5	4634.1	4372.3	3888.4	3048.8	平乡	5029.8	4852.6	4570.9	4092.2	3256.1
玉田	4683.4	4586.5	4332.2	3850.7	3009.6	新河	5075.6	4961.9	4698.2	4196.9	3375.6
滦县	4447.2	4348.6	4097.5	3586.3	2714.4	雄县	4899.2	4862.6	4582.5	4101.7	3267.0
丰润	4589.0	4494.5	4241.6	3750.4	2877.4	鸡泽	5042.8	4858.7	4577.2	4097.2	3259.6
丰南	4587.2	4487.4	4239.9	3737.6	2872.4	孟村	4833.6	4852.9	4569.9	4090.5	3249.3
曹妃甸	4594.6	4488.2	4235.5	3715.8	2868.6	武强	4931.2	4858.7	4573.9	4095.6	3253.8
乐亭	4422.0	4315.0	4066.1	3542.9	2665.5	辛集	5131.8	4862.3	4576.3	4099.5	3259.6
昌黎	4587.9	4477.5	4218.4	3709.4	2813.4	衡水	5005.4	4940.9	4671.6	4180.4	3349.5

站名	≥0 ℃	≥5 ℃	≥10 ℃	≥15 ℃	≥20 ℃	站名	≥0 ℃	≥5 ℃	≥10 ℃	≥15 ℃	≥20 ℃
武邑	5110.0	5038.8	4771.8	4270.1	3438.3	东光	4987.7	4877.2	4608.8	4117.5	3304.6
冀州	5108.7	5019.9	4752.5	4251.7	3421.9	吴桥	5007.5	4894.8	4623.5	4125.3	3316.9
南宫	5136.6	4996.1	4731.5	4231.9	3414.2	南皮	4968.2	4858.1	4591.2	4094.6	3282.8
清河	5034.6	5021.2	4747.3	4250.2	3419.4	威县	5119.5	5003.5	4733.6	4228.7	3397.3
故城	5104.5	4918.4	4649.9	4139.4	3307.1	临西	5036.9	4916.5	4634.9	4104.6	3239.5
枣强	5090.6	4970.9	4703.7	4212.0	3396.2	大名	5116.7	4994.6	4700.5	4171.8	3297.7
阜城	5026.9	4917.9	4650.8	4165.2	3342.6	馆陶	5136.0	5015.3	4729.3	4208.9	3337.5
景县	4991.4	4884.0	4609.8	4109.7	3284.0	邱县	5123.3	5004.6	4728.0	4218.2	3376.5

附录 3 1981—2010 年河北省各地各界限温度的有效积温

单位：℃·d

站名	≥0 ℃	≥5 ℃	≥10 ℃	≥15 ℃	≥20 ℃	站名	≥0 ℃	≥5 ℃	≥10 ℃	≥15 ℃	≥20 ℃
康保	2592.8	1637.9	859.0	290.9	31.5	平山	5003.5	3606.3	2414.7	1410.1	629.4
尚义	2848.1	1828.1	993.0	365.9	46.6	新乐	4899.8	3535.8	2367.5	1380.7	618.3
张北	2777.0	1764.3	938.6	328.1	36.6	定州	4928.4	3547.2	2370.6	1379.5	615.5
怀安	3725.3	2564.6	1582.1	787.2	226.4	藁城	4997.2	3605.1	2418.5	1419.4	646.3
阳原	3799.6	2631.1	1639.6	836.2	263.4	无极	4933.4	3565.1	2392.8	1402.9	636.3
宣化	3804.9	2639.8	1647.9	840.9	258.3	临漳	5144.9	3695.5	2473.3	1449.2	658.1
万全	3795.0	2633.5	1645.2	839.8	261.9	沙河	5028.8	3625.1	2427.5	1421.6	644.2
蔚县	3702.3	2540.7	1558.1	767.6	219.7	赵县	4855.3	3483.1	2312.2	1330.5	584.2
丰宁	3211.8	2135.0	1235.4	532.4	104.1	柏乡	4920.4	3551.5	2377.8	1391.6	630.8
围场	3560.0	2429.0	1473.0	706.7	185.1	栾城	5064.8	3660.6	2462.2	1453.3	668.6
隆化	3685.8	2542.9	1572.4	787.9	233.8	高邑	5035.3	3634.4	2438.7	1432.4	653.6
平泉	3692.6	2544.8	1570.5	777.9	223.7	元氏	4983.8	3593.5	2407.6	1410.5	638.7
滦平	3728.8	2568.2	1579.3	779.7	220.8	临城	5103.7	3695.4	2491.9	1475.4	680.8
兴隆	4184.3	2962.9	1913.5	1043.6	387.8	隆尧	5027.2	3628.7	2435.9	1433.2	657.3
承德	3611.8	2449.6	1471.5	691.6	168.6	赞皇	5135.3	3717.2	2505.2	1482.7	683.7
宽城	4085.2	2871.1	1832.4	976.9	344.2	宁晋	4901.6	3530.9	2356.1	1370.7	615.0
顺平	4873.4	3514.2	2347.6	1364.1	605.4	内丘	4915.7	3543.2	2366.5	1377.6	615.4
涞源	3599.8	2425.6	1438.8	662.7	153.2	巨鹿	5108.8	3702.0	2502.0	1487.9	696.4
灵寿	5040.0	3641.1	2447.5	1437.7	650.9	任县	5005.1	3616.6	2428.1	1428.3	652.5
曲阳	4721.8	3378.7	2231.1	1270.1	540.4	涉县	4826.8	3398.3	2204.6	1222.3	489.9
行唐	4827.9	3463.6	2299.4	1319.6	572.6	武安	5063.7	3642.5	2431.6	1419.3	636.9
晋州	5034.1	3635.4	2444.1	1440.0	659.1	南和	5042.0	3636.2	2438.4	1432.4	653.3
阜平	4854.1	3488.5	2321.8	1336.4	574.8	曲周	5121.0	3690.7	2479.1	1461.2	674.3
正定	5133.6	3715.6	2509.8	1490.5	694.2	峰峰	5396.4	3893.6	2633.5	1576.1	747.2
唐县	4880.0	3513.8	2345.2	1359.8	602.6	永年	5079.7	3657.9	2450.4	1439.6	657.2
井陉	4994.7	3577.1	2376.6	1371.9	600.9	魏县	5075.9	3634.2	2421.2	1408.1	633.6

续表

站名	≥0 ℃	≥5 ℃	≥10 ℃	≥15 ℃	≥20 ℃	站名	≥0 ℃	≥5 ℃	≥10 ℃	≥15 ℃	≥20 ℃
磁县	5036.0	3607.4	2400.7	1393.4	621.3	抚宁	4421.9	3135.1	2036.7	1120.8	430.5
广平	5033.9	3611.9	2408.6	1401.0	630.6	徐水	4774.4	3440.1	2293.0	1326.1	584.8
肥乡	5033.4	3618.8	2418.4	1412.9	640.2	高阳	4818.1	3483.3	2332.6	1361.5	608.0
成安	5050.9	3627.1	2421.4	1410.1	633.4	安国	4907.0	3541.0	2371.8	1385.7	624.4
沽源	2608.1	1637.4	846.7	273.3	23.8	安新	4778.6	3450.0	2303.2	1336.5	589.7
崇礼	2865.0	1832.8	989.9	357.1	39.8	饶阳	4902.5	3543.0	2377.8	1395.3	631.0
赤城	3347.8	2238.8	1310.2	578.7	117.1	望都	4721.6	3381.4	2235.1	1273.0	545.6
怀来	4209.1	2971.2	1914.0	1043.6	385.9	深州	5031.0	3641.8	2454.2	1452.1	672.2
涿鹿	4091.2	2860.2	1815.9	960.9	329.7	安平	4988.0	3610.0	2431.5	1436.6	660.9
遵化	4566.8	3279.9	2173.0	1243.6	521.7	任丘	5005.8	3637.7	2463.5	1469.8	687.7
迁西	4532.2	3249.9	2146.9	1220.3	501.1	满城	4963.3	3591.5	2413.0	1416.3	639.5
青龙	4122.0	2899.2	1855.1	992.7	352.8	文安	4945.6	3593.3	2431.1	1447.1	672.4
滦南	4512.4	3216.4	2108.1	1180.3	472.3	大城	4870.8	3533.9	2383.6	1410.3	647.3
卢龙	4513.4	3220.3	2112.9	1184.4	472.3	河间	4925.3	3566.3	2401.1	1417.7	649.9
迁安	4360.9	3094.7	2013.6	1110.5	426.8	青县	4955.1	3594.4	2429.6	1441.9	666.0
涿州	4768.9	3434.0	2287.4	1323.8	574.7	献县	5013.5	3638.0	2461.5	1465.3	683.9
容城	4873.9	3525.9	2367.2	1388.2	627.6	泊头	5033.6	3651.9	2472.2	1472.4	687.2
高碑店	4745.9	3417.8	2274.2	1310.8	568.6	蠡县	4889.5	3537.2	2374.9	1394.3	633.5
易县	4831.1	3489.0	2336.4	1360.4	601.3	深泽	4927.4	3554.7	2381.0	1392.8	628.6
大厂	4664.7	3348.9	2220.2	1272.7	541.0	黄骅	4944.5	3580.2	2417.9	1434.5	661.7
固安	4740.0	3409.1	2266.1	1305.3	562.7	肃宁	4887.8	3536.5	2374.4	1394.1	632.9
霸州	4913.4	3562.6	2403.3	1422.8	652.7	盐山	4912.8	3551.0	2388.9	1407.1	641.0
永清	4539.9	3269.4	2175.8	1256.9	546.5	海兴	4924.0	3562.5	2401.3	1420.0	650.0
三河	4626.7	3313.6	2186.1	1241.3	516.2	广宗	5067.7	3669.5	2477.0	1469.8	685.8
香河	4732.5	3407.4	2272.0	1317.4	576.2	平乡	5029.8	3638.2	2448.1	1444.4	665.2
玉田	4683.4	3369.3	2240.9	1291.2	550.9	新河	5075.6	3680.3	2488.9	1481.9	693.6
滦县	4447.2	3159.3	2058.1	1138.8	443.8	雄县	4899.2	3552.1	2393.4	1412.1	642.6
丰润	4589.0	3286.2	2167.0	1227.9	504.0	鸡泽	5042.8	3635.6	2435.4	1429.4	655.3
丰南	4587.2	3282.4	2162.9	1224.6	505.4	孟村	4833.6	3479.6	2325.0	1354.8	605.5
曹妃甸	4594.6	3274.0	2149.9	1208.8	492.6	武强	4931.2	3571.5	2405.2	1418.6	649.4
乐亭	4422.0	3130.4	2031.7	1119.9	436.1	辛集	5131.8	3718.3	2516.4	1501.2	705.2
昌黎	4587.9	3261.0	2136.1	1194.5	480.1	衡水	5054.7	3658.9	2470.9	1465.9	680.2

续表

站名	≥0 ℃	≥5 ℃	≥10 ℃	≥15 ℃	≥20 ℃	站名	≥0 ℃	≥5 ℃	≥10 ℃	≥15 ℃	≥20 ℃
武邑	5005.4	3625.8	2445.6	1447.2	667.9	东光	4987.7	3606.9	2430.8	1437.0	660.6
冀州	5110.0	3701.6	2502.0	1489.0	698.3	吴桥	5007.5	3620.3	2438.9	1440.3	662.3
南宫	5108.7	3707.4	2510.5	1496.4	702.2	南皮	4968.2	3592.7	2421.2	1431.1	658.8
清河	5136.6	3719.0	2513.9	1495.2	698.7	威县	5119.5	3706.2	2502.6	1484.7	691.3
故城	5034.6	3634.4	2443.9	1439.9	659.7	临西	5036.9	3618.5	2418.9	1412.1	638.2
枣强	5090.6	3688.8	2497.0	1488.5	698.2	大名	5116.7	3675.4	2460.5	1442.8	658.3
阜城	5026.9	3643.4	2462.1	1462.7	679.9	馆陶	5136.0	3698.0	2482.0	1459.4	668.2
景县	4991.4	3608.2	2428.1	1432.2	658.0	邱县	5123.3	3701.7	2493.6	1475.3	683.2